CONCEPTIONS
SCIENTIFIQUES

Dans la même collection

EINSTEIN Albert
Comment je vois le monde

EINSTEIN Albert et INFELD Leopold
L'évolution des idées en physique

HEISENBERG Werner
La Partie et le Tout. Le monde de la physique atomique

BROGLIE Louis de
La physique nouvelle et les quanta

KUHN Thomas
La structure des révolutions scientifiques

PLANCK Max
Initiation à la physique

THOM
Paraboles et catastrophes

Dans la Nouvelle Bibliothèque Scientifique

MANDELBROT Benoît
Les objets fractals

HAWKING Stephen
Une brève histoire du temps. Du Big Bang aux trous noirs

SELLERI Franco
Le Grand débat de la théorie quantique

LOCHAK Georges, DINER Simon, FARGUE Daniel
L'objet quantique

ALBERT EINSTEIN

CONCEPTIONS SCIENTIFIQUES

Traduction de l'anglais
par
Maurice Solovine,
revue et complétée
par Daniel Fargue

FLAMMARION

ISBN 2-08-081214-9

NOTE DE L'ÉDITEUR

Ce volume rassemble les articles scientifiques et les portraits de quelques grands savants publiés en français dans le recueil intitulé *Conceptions scientifiques, morales et sociales* aux éditions Flammarion en 1952. La traduction, due à l'ami d'Einstein, Maurice Solovine a été revue et par endroits corrigée. En particulier. l'article *Qu'est-ce que la théorie de la Relativité?* donné ici remplace la version de 1952, incomplète, intitulée alors *Temps, Espace et gravitation*. Nous reprenons la version originale publiée dans le *London Times* le 28 novembre 1919.

SCIENCE

QU'EST-CE QUE LA THÉORIE DE LA RELATIVITÉ ?

J'accède volontiers au désir de votre collègue de me voir écrire pour le *Times* quelques mots sur la relativité. Après la déplorable interruption des échanges autrefois si animés entre les hommes de science, je me réjouis de l'occasion qui m'est donnée d'exprimer ma joie et ma gratitude envers les astronomes et physiciens anglais. Il est tout à fait conforme à la noble et fière tradition du travail scientifique de votre pays que des scientifiques éminents aient consacré tant de temps et de soins et que vos institutions scientifiques n'aient épargné aucune dépense pour vérifier une conséquence d'une théorie qui fut parachevée et publiée pendant la Guerre sur la terre de vos ennemis. Même si les recherches sur l'influence du champ de gravitation du soleil sur les rayons lumineux sont une affaire purement objective, je ne saurais m'abstenir d'exprimer mes sincères remerciements à mes collègues anglais pour leur travail, sans lequel, en effet je n'aurais pu vivre assez longtemps pour voir vérifier la conséquence la plus importante de ma théorie.

Il y a plusieurs sortes de théories en physique. La plupart d'entre elles sont constructives. Celles-ci tentent de construire une image des phénomènes complexes en partant d'un formalisme de base relativement simple. La théorie cinétique des gaz, par exemple, essaie de ramener aux mouvements des molécules les processus mécaniques, thermiques et diffusionnels, c'est-à-dire de les construire à partir de l'hypothèse du mouvement moléculaire (1). Quand nous disons que nous avons réussi à comprendre un groupe de phénomènes naturels, nous entendons par là que nous avons trouvé une théorie constructive qui les embrasse.

Mais outre ce groupe de théories extrêmement important, il existe un autre groupe qui se compose de ce que j'appelle théories à principes. Celles-ci emploient, non pas la méthode synthétique, mais la méthode analytique. Leur point de départ et leur base ne sont pas des constituants hypothétiques, mais des propriétés générales des phénomènes naturels trouvées empiriquement, des principes, d'où l'on déduit ensuite des critères formulés mathématiquement auxquels les phénomènes individuels — ou leur représentation théorique — doivent satisfaire. La thermodynamique, par exemple, en partant du fait d'expérience que

(1) Note de l'éditeur : Cela a également été vérifié depuis.

le mouvement perpétuel est impossible, essaie de déduire de ce fait, par un processus analytique, des relations auxquelles les processus individuels doivent satisfaire. L'avantage des théories constructives réside dans leur étendue, leur application facile et leur clarté, tandis que celui des théories à principes réside dans leur perfection logique et la solidité de leurs fondements.

La théorie de la relativité est une théorie à principes. Pour la comprendre, il faut avant tout saisir les principes sur lesquels elle est basée. Mais auparavant je dois faire remarquer que la théorie de la relativité ressemble à une maison à deux étages : la théorie de la relativité restreinte et la théorie de la relativité générale. La théorie de la relativité restreinte, sur laquelle repose la théorie générale, s'applique à tous les phénomènes physiques à l'exception de la gravitation ; De la théorie générale dépendent la loi de gravitation et ses rapports avec les autres forces de la nature.

Depuis le temps des Grecs on sait bien que pour décrire le mouvement d'un corps on doit le rapporter à un autre corps. Le mouvement d'un véhicule est décrit par rapport au sol, celui d'une planète par rapport à l'ensemble des étoiles fixes visibles. En physique, les corps auxquels les mouvements sont rapportés dans l'espace sont appelés systèmes de coordonnées. Les lois de la mécanique de Galilée et de Newton ne peuvent être formulées qu'en employant un système de coordonnées.

L'état de mouvement du système de coordonnées ne peut être choisi arbitrairement, si l'on veut que les lois de la mécanique soient exactes (il doit être sans rotation ni accélération). Un système de coordonnées admissible en mécanique est appelé système d'inertie. L'état de mouvement d'un système d'inertie, d'après la mécanique, n'est pas déterminé de manière unique par la nature. Au contraire, on a la proposition suivante : un système de coordonnées se mouvant uniformément et en ligne droite par rapport à un système d'inertie est lui-même un système d'inertie. Ce qu'on entend par « principe de relativité restreinte » est alors la généralisation de cette proposition à n'importe quel processus naturel : toute loi générale de la nature qui est vraie relativement à un système de coordonnées K doit aussi être vraie pour n'importe quel système K′, qui est en mouvement de translation uniforme par rapport à K.

Le second principe sur lequel repose la théorie de la relativité restreinte est le « principe de la constance de la vitesse de la lumière dans le vide ». La lumière a dans le vide une vitesse de propagation définie et constante (indépendante de l'état de mouvement et de la vitesse de la source). Les physiciens doivent leur confiance dans cette proposition aux succès de la théorie électrodynamique de Maxwell-Lorentz.

Les deux principes que je viens de mentionner ont reçu une solide confirmation expérimentale, mais ne paraissent pas être logiquement compatibles. La théorie de la relativité restreinte est finalement arrivée à établir entre eux un accord logique en introduisant un changement dans la cinématique, c'est-à-dire dans la doctrine des lois (physiques) qui concernent l'espace et le temps. Il devint évident que l'affirmation de la simultanéité de deux événements ne pouvait avoir de sens que par rapport à un système de coordonnées et que la forme des corps et le rythme des horloges doivent dépendre de leur état de mouvement relativement au système de coordonnées.

Mais la vieille physique, y compris les lois du mouvement de Galilée et de Newton, étaient en désaccord avec la cinématique relativiste. Celle-ci donna naissance à certaines conditions mathématiques générales auxquelles les lois de la nature devaient se conformer, si les deux principes fondamentaux étaient réellement valables. La physique devait être adaptée. Le changement le plus notable était une nouvelle loi du mouvement des points matériels (en mouvement rapide), loi qui fut remarquablement bien vérifiée dans le cas de particules chargées d'électricité. Le plus important résultat de la relativité restreinte concernait la masse inerte d'un système matériel. Il devint manifeste que l'inertie d'un tel système doit dépendre de l'énergie qu'il contient, de sorte que l'on fut conduit à la conception que la masse inerte n'était rien de plus que de l'énergie latente.

Le principe de la conservation de la masse perdit son indépendance et se fondit avec celui de la conservation de l'énergie.

La théorie de la relativité restreinte, qui était simplement une extension systématique de l'électrodynamique de Maxwell-Lorentz, incitait à poursuivre plus loin. L'indépendance des lois physiques, relativement à un système de coordonnées, doit-elle être limitée aux systèmes de coordonnées en mouvement uniforme l'un par rapport à l'autre ? Que peut avoir à faire la nature avec les systèmes de coordonnées que nous proposons et avec leurs mouvements ? Bien qu'il puisse être nécessaire pour la description de la nature d'employer des systèmes de coordonnées que nous avons choisis arbitrairement, le choix de leur mouvement ne devrait en aucune façon être limité. Les lois devraient être complètement indépendantes de ce choix (Théorie de la relativité générale.)

On peut aisément faire comprendre l'application de cette théorie de la relativité générale à partir d'un fait d'expérience bien connu, selon lequel le poids et l'inertie d'un corps dépendent de la même constante (identité de la masse inerte et de la masse pesante). Considérons le cas d'un système de coordonnées qu'on suppose être en rotation uniforme relativement à un système d'inertie au sens newtonien. Les forces qui, relativement à ce système, sont centrifuges doivent, selon Newton, être attribuées à l'inertie. Mais ces forces centrifuges sont, comme la gravitation, proportionnelles à la masse des corps. N'est-il pas alors possible de regarder le système de coordonnées comme étant au repos et les forces centrifuges comme gravitationnelles ? L'interprétation paraît évidente, mais la mécanique classique l'interdit.

Cette brève esquisse suggère qu'une théorie de la relativité générale doit fournir les lois de la gravitation, et la poursuite de cette idée a justifié cette espérance.

Mais le chemin était plus ardu qu'on n'avait prévu, parce qu'il exigeait l'abandon de la géométrie euclidienne. En d'autres termes, les lois conformément auxquelles les corps matériels peuvent être arrangés dans l'espace ne concordent pas exactement avec les lois prescrites par la géométrie euclidienne. C'est ce qu'on entend quand on parle de « courbure de l'espace ». Les concepts fondamentaux « droite », « plan », etc. perdent, par conséquent, leur signification exacte en physique.

Dans la théorie de la relativité générale, la doctrine de l'espace et du temps, la cinématique perd son rôle de fondement indépendant du reste de la physique. Les propriétés géométriques des corps et la marche des horloges dépendent en premier lieu des champs de gravitation, qui, à leur tour, sont produits par la matière.

Ainsi, la nouvelle théorie de la gravitation

s'écarte beaucoup de celle de Newton en ce qui concerne ses principes. Mais dans l'application pratique, les deux théories s'accordent si étroitement qu'il a été difficile de trouver des cas où les différences réelles aient pu être soumises à l'observation. Jusqu'à présent on en a trouvé dans :

1° la rotation des orbites elliptiques des planètes autour du soleil : (vérifiée dans le cas de la planète Mercure).

2° la déviation des rayons lumineux sous l'effet de champs de gravitation (confirmée par les photographies d'éclipses prises par les anglais en 1919).

3° le déplacement des raies spectrales vers l'extrémité rouge du spectre dans le cas où la lumière nous arrive d'étoiles de masse appréciable (non encore vérifié (1)).

Le grand attrait de la théorie est sa cohérence logique. Si une conséquence quelconque tirée d'elle s'avérait insoutenable, la théorie devrait être abandonnée. Il paraît impossible de lui faire subir une modification sans la détruire entièrement.

Il ne faut pas penser que la grande création de Newton puisse réellement être renversée par cette théorie-ci ou par une autre. Ses idées claires et vastes garderont toujours leur rôle essentiel de fondements sur lesquels nos conceptions de la physique ont été construites.

(1) Ce phénomène a été vérifié depuis. (Note de l'éditeur).

Remarque additionnelle.

Quelques-unes des affirmations de votre journal concernant ma vie et ma personne doivent leur origine à la vive imagination de l'auteur. Voici encore une autre application du principe de relativité qui ne sera pas pour déplaire au lecteur : — aujourd'hui on me qualifie en Allemagne de « savant allemand » et en Angleterre de « juif suisse ». Si le destin voulait que je sois un jour signalé comme une *bête noire**, il faudrait, au contraire, que je devienne un « juif suisse » pour les allemands et un « savant allemand » pour les Anglais.

* En français et en italique dans le texte.

LA PHYSIQUE ET LA RÉALITÉ

1. — CONSIDÉRATIONS GÉNÉRALES CONCERNANT LA MÉTHODE SCIENTIFIQUE.

Il a souvent été dit, et certainement non sans raison, que l'homme de science est un mauvais philosophe. Ne serait-il pas alors tout naturel que le physicien laisse au philosophe le soin de philosopher ? Ceci aurait été en effet tout naturel à une époque où le physicien croyait disposer d'un système stable de lois et de concepts fondamentaux, que personne ne mettait en doute ; mais ce n'est plus naturel à une époque comme la nôtre, où les fondements mêmes de la physique sont devenus problématiques. A l'heure actuelle, par conséquent, où l'expérience nous force à chercher une base plus neuve et plus solide, le physicien ne peut plus abandonner tout simplement au philosophe l'examen critique des fondements théoriques ; car c'est lui qui sait et sent certainement le mieux où le bât le blesse. En cherchant une nouvelle base, il doit s'efforcer de se rendre parfaitement compte jusqu'à quel point les concepts dont il se sert sont justifiés et nécessaires.

Toute la science n'est rien de plus qu'un raffinement de la pensée de tous les jours. C'est pour cette raison que la réflexion critique du physicien ne peut pas se limiter à l'examen des concepts de son domaine propre. Bien au contraire, il ne peut rester indifférent à une réflexion critique sur la pensée de tous les jours, qui est bien plus difficile à analyser.

Sur la scène de notre expérience psychique apparaissent en une succession multicolore des expériences sensibles, des images qu'en retrace la mémoire, des représentations et des sentiments. En opposition avec la psychologie, la physique ne traite (directement) que des expériences des sens et de la compréhension de leurs rapports mutuels. Et même le concept de « monde extérieur réel » de la pensée de tous les jours repose exclusivement sur les impressions sensibles.

Nous devons en premier lieu faire remarquer qu'il n'est pas possible de faire une distinction entre les impressions sensibles et les représentations, ou, du moins, il n'est pas possible de le faire avec une certitude absolue. Nous ne voulons pas nous engager dans la discussion de ce problème, qui touche aussi à la notion de réalité, mais nous considérerons les expériences sensibles comme données, c'est-à-dire comme des expériences psychiques d'un genre spécial.

Je crois que le premier pas pour poser un « monde extérieur réel » est la formation du concept d'objet matériel, et même d'objets matériels de diverses espèces. De la multitude de nos expériences sensibles nous prenons, mentalement et arbitrairement, certains complexes d'impressions sensibles qui se répètent souvent (en partie en liaison avec des impressions sensibles qui sont interprétées comme signes d'expériences sensibles d'autres personnes), et nous leur associons un concept — le concept d'objet corporel. Considéré du point de vue logique, ce concept n'est pas identique à la totalité des impressions sensibles à laquelle il se rapporte ; c'est une création arbitraire de l'esprit humain (ou animal). D'autre part, ce concept doit sa signification et sa justification exclusivement à la totalité des impressions sensibles que nous associons avec lui.

Le second pas consiste dans le fait que dans notre pensée (qui détermine notre attente) nous attribuons à ce concept d'objet matériel une signification qui est à un haut degré indépendante des impressions sensibles, qui lui ont originairement donné naissance. C'est ce que nous voulons dire quand nous attribuons à l'objet matériel « une existence réelle ». La justification d'une telle assertion repose exclusivement sur le fait qu'au moyen de tels concepts et des relations mentales établies entre eux, nous sommes capables de nous orienter dans le labyrinthe des impressions sensibles. Ces notions et ces relations, bien qu'elles soient des assertions arbitraires de notre esprit, nous apparaissent comme plus fortes et plus inaltérables que l'expérience sensible individuelle même, dont le caractère ne permet jamais de garantir tout à fait qu'elle soit autre chose que le résultat d'une illusion ou d'une hallucination. D'autre part, ces concepts et ces relations, en particulier le fait d'admettre des objets réels et, généralement parlant, l'existence du « monde réel », n'ont de justification que dans la mesure où ils sont reliés aux impressions sensibles entre lesquelles ils créent des connexions mentales.

Le fait même que la totalité de nos expériences sensibles est telle qu'au moyen de la pensée (opération avec des concepts, création et emploi de relations fonctionnelles entre eux, coordination d'expériences sensibles à ces concepts) elle peut être mise en ordre, ce fait, dis-je, ne peut que nous étonner et nous ne le comprendrons jamais. On peut dire que « l'éternel mystère du monde est sa compréhensibilité ». C'est une des grandes choses accomplies par Kant d'avoir reconnu qu'il n'y aurait pas de sens de poser un monde extérieur réel sans cette compréhensibilité.

En parlant de « compréhensibilité », l'expression est employée dans son sens le plus modeste. Elle signifie la production d'un certain ordre parmi les impressions sensibles par la création de concepts généraux et de relations entre ces concepts ainsi que par l'établissement de relations fixées d'une certaine manière entre les concepts et les expériences sensibles. C'est dans ce sens que le monde de notre expérience sensible est compréhensible et le fait qu'il le soit est un miracle.

A mon avis, absolument rien ne peut être affirmé a priori au sujet de la manière dont les concepts doivent être formés et reliés, et comment nous devons les coordonner à l'expérience. C'est le succès dans l'établissement d'un ordre parmi les expériences sensibles qui est le seul facteur décisif. Tout ce qui est nécessaire, c'est de fixer les règles qui régissent les relations entre les concepts, puisque sans elles l'acquisition de la connaissance dans le sens désiré serait impossible. On a comparé ces règles à celles d'un jeu qui, tout en étant arbitraires, rendent le jeu possible seulement parce qu'elles sont parfaitement bien déterminées. Cependant, leur fixation ne pourra jamais être définitive. Elles ne seront valables que pour le domaine d'application envisagé (c'est-à-dire, il n'y a pas de catégories définitives dans le sens de Kant).

La connexion entre les concepts élémentaires de la pensée de tous les jours et les complexes de l'expérience sensible ne peut être comprise qu'intuitivement et ne peut pas s'ajuster à la fixité scientifique et logique. La totalité de ces connexions — même non exprimable en termes abstraits — est la seule chose qui distingue le grand édifice de la science d'un système conceptuel logique mais vide. Grâce à ces connexions les théorèmes purement abstraits de la science deviennent des énoncés concernant les complexes des expériences sensibles.

Nous appellerons « concepts primaires » des concepts qui sont directement et intuitivement reliés à des complexes typiques d'expériences sensibles. Toutes les autres notions possèdent, du point de vue physique, une signification seulement dans la mesure où elles sont reliées par des propositions aux notions primaires. Ces propositions sont, en partie, des définitions de concepts (et des énoncés qui en dérivent logiquement) et, en partie, des propositions qui ne peuvent pas être déduites des définitions, mais qui expriment au moins indirectement des relations entre les « concepts primaires » et, de cette manière, entre les expériences sensibles. Des propositions de ce dernier genre sont « des affirmations concernant la réalité » ou des « lois de la nature », c'est-à-dire des énoncés qui doivent montrer leur utilité quand ils sont appliqués aux expériences sensibles traduites par les concepts primaires. Quant à savoir quels énoncés devront être considérés comme des définitions et quels autres comme des lois naturelles, cela dépendra dans une large mesure de la représentation choisie. En réalité, il ne devient absolument nécessaire d'établir cette différence que lorsqu'on détermine jusqu'à quel point tout le système de concepts considéré n'est pas vide au point de vue physique.

Stratification du système scientifique.

Le but de la science est, d'une part, la compréhension, aussi *complète* que possible, et la mise en relation des expériences sensibles dans toute leur variété, et, d'autre part, le parachèvement de ce but *en employant un minimum de concepts primaires et de relations*. (En cherchant, autant que possible, l'unité logique dans l'image du monde, c'est-à-dire la simplicité logique de ses fondements.)

La science utilise la totalité des concepts primaires, c'est-à-dire des concepts directement liés aux expériences sensibles et des propositions qui les relient entre eux. Dans sa première phase de développement la science ne contient rien de plus. Notre pensée de tous les jours se contente, en somme, de ce niveau. Cet état de choses ne peut cependant satisfaire un esprit véritablement scientifique, parce que l'ensemble de concepts et de relations obtenu de cette façon manque complètement d'unité logique. Pour remédier à ce défaut on invente un système plus pauvre en concepts et en relations, qui englobe les concepts primaires et les relations de la « première couche » en tant que concepts et relations déduits par voie logique. Ce nouveau « système secondaire », paie cette unité logique plus élevée, par le fait que ses concepts élémentaires propres (concepts de la seconde couche) ne sont plus directement liés aux complexes d'expériences sensibles. En continuant l'effort pour atteindre l'unité logique nous construisons un système tertiaire, plus pauvre encore en concepts et relations, et qui permet de déduire les concepts et relations de la couche secondaire (et indirectement de la couche primaire). L'histoire continue ainsi jusqu'à ce que nous soyons arrivés à un système de la plus grande unité concevable et à la plus grande pauvreté de concepts des fondements logiques qui soit encore compatible avec l'observation faite par nos sens. Nous ne savons pas si, oui ou non, cette ambition aboutira à un système définitif. Si l'on se pose la question on a tendance à répondre par la négative. Toutefois, en se battant avec les problèmes on est soutenu par l'espoir que ce but, le plus grand de tous, puisse effectivement être atteint dans une très large mesure.

Un partisan de la théorie de l'abstraction ou de l'induction pourrait appeler nos couches « degrés d'abstraction » ; mais je ne trouve pas légitime de masquer l'indépendance logique des concepts de l'expérience sensible. Le rapport n'est pas analogue à celui du bouillon à la viande de bœuf, mais plutôt à celui du numéro de vestiaire au pardessus.

Les couches ne sont pas en outre nettement séparées. Il n'est même pas absolument clair de déterminer quels concepts appartiennent à la couche primaire. Le fait est que nous avons affaire à ces concepts librement formés qui, avec une certitude suffisante pour l'usage pratique, sont intuitivement reliés à des complexes d'expériences sensibles de telle sorte que, pour une expérience donnée, il n'y a pas d'incertitude au sujet de l'exactitude ou de la non-exactitude de l'énoncé. La chose essentielle, c'est de viser à représenter la multitude de concepts et d'énoncés, en contact étroit avec l'expérience, comme des énoncés logiquement déduits d'une base, aussi étroite que possible, de concepts et de relations fondamentaux qui, quant à eux, peuvent être librement choisis (axiomes). La liberté de choix est cependant d'un genre spécial. Elle ne ressemble en aucune façon à la liberté d'un écrivain de romans, mais plutôt à celle d'un homme engagé dans la solution d'un problème de mots croisés bien posé. Il peut, à vrai dire, proposer un mot quelconque comme solution, mais il y en a *un seul* qui résout réellement l'énigme sous toutes ses formes. C'est un acte de foi que la nature — telle qu'elle est accessible à nos sens — a le caractère d'une telle énigme bien formulée. Les succès obtenus par la science jusqu'à présent donnent, il est vrai, un certain encouragement à cette foi.

La multitude de couches que nous avons discutée plus haut correspond aux différentes phases du progrès, qui ont été les résultats de la lutte pour l'unité des fondements au cours de l'évolution. En ce qui concerne le but final, les couches intermédiaires n'ont qu'un caractère temporaire. Elles doivent ensuite disparaître, étant donné qu'elles sont devenues sans importance. Nous devons cependant, pour notre part, nous occuper de la science actuelle, où ces couches représentent des succès partiels problématiques qui s'étayent mutuellement, mais qui se menacent aussi mutuellement, parce que le système conceptuel actuel présente des discordances profondes sur lesquelles nous buterons plus tard.

Ce sera le but des lignes suivantes de montrer dans quelles voies l'esprit constructif de l'homme s'est engagé pour obtenir une base conceptuelle de la physique qui offre la plus grande unité logique possible.

2. — La mécanique et les tentatives de fonder toute la physique sur elle.

Une importante propriété de notre expérience sensible et, plus généralement, de toute notre expérience, est l'ordre dans le temps. Cette propriété d'ordre conduit à la conception mentale d'un temps subjectif, un schéma pour ordonner notre expérience. Le temps subjectif conduit ensuite, par l'intermédiaire du concept d'objet matériel et d'espace, au concept de temps objectif, comme nous le verrons plus tard.

Mais avant la notion de temps objectif se trouve le concept d'espace et avant ce dernier se trouve le concept d'objet matériel. Ce dernier est directement lié aux complexes des expériences sensibles. On a déjà montré que la propriété caractéristique de la notion « d'objet matériel » est le fait de lui attribuer une existence qui est indépendante du temps « subjectif » et indépendante du fait qu'il est perçu par les sens. Nous le faisons en dépit des changements que nous constatons en lui au cours du temps. Poincaré a justement insisté sur le fait que nous distinguons deux sortes de changements dans l'objet matériel : « des changements d'état » et « des changements de position ». Ces derniers, disait-il, peuvent être corrigés par des mouvements arbitraires de notre corps.

Qu'il y ait des objets auxquels nous ne devons attribuer, dans une certaine sphère de la perception, aucun changement d'état, mais seulement des changements de position, cela est un fait d'une importance fondamentale pour la formation du concept d'espace (et même dans une certaine mesure pour la justification de la notion d'objet matériel). Nous appellerons un tel objet « pratiquement rigide ».

Si, comme objet de notre perception, nous considérons simultanément (c'est-à-dire comme un tout) deux corps pratiquement rigides, il existe alors pour cet ensemble des changements tels qu'il n'est pas possible de les considérer comme des changements de position de l'ensemble, malgré le fait que ceci est le cas pour chacun des deux constituants. Cela conduit à la notion de « changement de position relative » des deux objets et aussi à la notion de « position relative » des deux objets. On trouve en outre que parmi les positions relatives il y en a une d'un genre spécifique que nous appelons « contact » (1). Un contact permanent de deux corps en trois ou plusieurs « points » signifie qu'ils sont unis comme un corps composé (quasi rigide). Il est permis de dire que le second corps forme alors un prolongement (quasi rigide) du premier corps et peut, à son tour, être prolongé d'une manière quasi rigide. La possibilité de prolonger un corps de manière quasi-rigide est sans limite. La quintessence des prolongements quasi-rigides concevables d'un corps K_0 est « l'espace » infini déterminé par lui.

Le fait que tout objet corporel, situé d'une manière quelconque, peut être mis en contact avec le prolongement quasi rigide d'un corps prédéterminé et choisi K_0 (corps de référence), ce fait est, à mon avis, la base empirique de notre conception de l'espace. Dans la pensée préscientifique, la croûte solide de la Terre joue le rôle de K_0 et de son prolongement. Le nom même de géométrie indique que le concept d'espace est psychologiquement lié à la donnée du globe terrestre.

La notion hardie « d'espace », qui a précédé toute géométrie scientifique, transforma notre concept mental des relations de position d'objets matériels en la notion de la position de ces objets

(1) Il est dans la nature des choses que nous ne puissions parler de ces objets qu'au moyen de concepts créés par nous-mêmes, concepts qui ne sont pas sujets à définition. Il est cependant essentiel que nous nous servions seulement de concepts dont la coordination à notre expérience nous semble hors de doute.

matériels dans « l'espace ». Ceci représente en soi-même une grande simplification formelle. Grâce à elle on arrive aussi au fait que tout énoncé d'une position est implicitement l'énoncé d'un contact; l'assertion qu'un point d'un objet matériel est situé en un point P de l'espace signifie que l'objet touche au point considéré le point P du corps de référence K_0 (supposé prolongé de manière convenable).

Dans la géométrie des Grecs l'espace joue seulement un rôle qualitatif, puisque la position des corps par rapport à l'espace est certes considérée comme déterminée, mais n'est pas décrite au moyen de nombres. Descartes fut le premier à introduire cette méthode. Dans son langage, tout le contenu de la géométrie euclidienne peut être fondé axiomatiquement sur les énoncés suivants : (1) Deux points fixes d'un corps rigide déterminent un segment. (2) Nous pouvons coordonner trois nombres x_1, x_2, x_3 à des points dans l'espace de telle sorte que pour chaque segment $P' - P''$, dont les points extrêmes ont pour coordonnées x'_1, x'_2, x'_3 ; x''_1, x''_2, x''_3, l'expression :

$$s^2 = (x''_1 - x'_1)^2 + (x''_2 - x'_2)^2 + (x''_3 - x'_3)^2$$

est indépendante de la position du corps et des positions de tous les autres corps. Le nombre (positif) s s'appelle la longueur du segment ou la distance entre les deux points P′ et P″ de l'espace (qui coïncident avec les points P′ et P″ du segment).

La formulation est choisie, intentionnellement,

de telle sorte qu'elle exprime clairement non seulement le contenu logique et axiomatique, mais encore le contenu empirique de la géométrie euclidienne. La représentation purement logique (axiomatique) de cette dernière a, il est vrai, l'avantage d'une plus grande simplicité et d'une plus grande clarté. Elle est en échange obligée de renoncer à représenter la connexion entre la construction conceptuelle et l'expérience sensible, et c'est sur cette seule connexion que repose la signification de la géométrie pour la physique. L'erreur funeste qu'une nécessité mentale, précédant toute expérience, est à la base de la géométrie euclidienne et du concept d'espace qui lui est lié, cette erreur funeste est due au fait que la base empirique, sur laquelle repose la construction axiomatique de la géométrie euclidienne, était tombée dans l'oubli.

Dans la mesure où l'on peut parler de l'existence de corps rigides dans la nature, la géométrie euclidienne doit être considérée comme une science physique, dont l'utilité doit être montrée par son application à l'expérience sensible. Elle concerne la totalité des lois qui doivent être valables pour les positions relatives des corps rigides indépendamment du temps. Comme on le voit, la notion physique d'espace, telle qu'elle a été employée à l'origine en physique, est également liée à l'existence de corps rigides.

Au point de vue du physicien, l'importance capitale de la géométrie euclidienne réside dans le fait que ses lois prétendent être valables indépendamment de la nature spécifique des corps dont elle étudie les positions relatives. Sa simplicité formelle est caractérisée par les propriétés d'homogénéité et d'isotropie (et l'existence d'entités similaires).

Le concept d'espace est à vrai dire utile, mais non pas indispensable pour la géométrie proprement dite, c'est-à-dire pour formuler des règles concernant les positions relatives de corps rigides. En opposition à cela, le concept de temps objectif, sans lequel il est impossible de formuler les principes fondamentaux de la mécanique classique, est liée au concept de continuum spatial.

L'introduction du temps objectif implique deux assertions qui sont indépendantes l'une de l'autre.

(1) L'introduction du temps objectif local en reliant la succession temporelle des expériences avec les indications d'une « horloge », c'est-à-dire d'un système fermé à évolution périodique.

(2) L'introduction de la notion de temps objectif pour les événements dans *tout l'espace*, et c'est par cette notion seule que l'idée de temps local s'élargit jusqu'à devenir l'idée du temps de la physique.

Note se rapportant à (1). Telle que je vois la chose, ce n'est pas une « pétition de principe » que de mettre le concept d'événement périodique avant le concept de temps quand on s'occupe de la clarification de l'origine et du contenu empirique du concept de temps. Une telle conception correspond exactement à la priorité du concept de corps rigide (ou quasi rigide) dans l'interprétation du concept d'espace.

Discussion complémentaire de (2). L'illusion qui dominait avant l'énoncé de la théorie de la relativité — que, du point de vue de l'expérience courante, la signification de la simultanéité d'événements distants dans l'espace est *a priori* claire et, par conséquent, aussi la signification du temps en physique — cette illusion a son origine dans le fait que, dans notre expérience quotidienne, nous pouvons négliger le temps de la propagation de la lumière. Nous nous sommes, pour cette raison, habitués à ne pas faire de distinction entre ce qui est « simultanément vu » et ce qui « arrive simultanément » ; le résultat en est que la différence entre le temps et le temps local s'efface.

Le manque d'exactitude qui, du point de vue de la signification empirique, est attaché à la notion de temps dans la mécanique classique était masqué par la représentation axiomatique de l'espace et du temps comme choses existant indépendamment de nos sens. Une telle « substantialisation » (émancipation) n'est pas nécessairement dommageable à la science. Mais il est facile de commettre l'erreur de considérer de tels concepts, dont on a oublié l'origine, comme nécessaires à toute pensée, et par là même immuables, et ceci peut constituer un danger sérieux pour le progrès de la science.

Ce fut un hasard heureux pour le développement de la mécanique, et par conséquent aussi pour le développement de la physique en général, que l'imprécision du concept de temps objectif soit resté cachée aux philosophes d'autrefois en ce qui concerne son explication empirique. Pleins de confiance dans la signification réelle de la construction de l'espace-temps, ils ont établi les fondements d'une manière que nous pouvons caractériser schématiquement ainsi :

(*a*) Concept d'un point matériel : un objet matériel qui peut être décrit, en ce qui concerne sa position et son mouvement, avec une exactitude suffisante comme un point avec les coordonnées x_1, x_2, x_3. Description de son mouvement (par rapport à « l'espace » K_0) si on considère x_1, x_2, x_3 comme fonction du temps.

(*b*) Principe de l'inertie : disparition des composantes de l'accélération pour le point matériel qui est suffisamment éloigné de tous les autres points.

(*c*) Loi du mouvement (pour le point matériel) : Force = masse × accélération.

(*d*) Lois de force (interactions entre points matériels).

Dans tout cela (*b*) n'est rien de plus qu'un cas spécial important de (*c*). On a une véritable théorie seulement quand les lois de force sont données. Les forces doivent en premier lieu obéir seulement à la loi de l'égalité de l'action et de la réaction pour qu'un système de points — unis en permanence dans l'espace les uns aux autres par des forces — puisse se comporter comme *un* point matériel. Unies à la loi de la gravitation de Newton, ces lois fondamentales forment la base de la mécanique des corps célestes. Dans cette mécanique de Newton, en opposition avec les conceptions de l'espace données plus haut, dérivées des corps rigides, l'espace K_0 se manifeste sous une forme qui implique une nouvelle idée : la validité de (*b*) et de (*c*) ne s'étend plus à tout K_0 (pour une loi de force donnée) mais seulement aux K_0 qui possèdent un mouvement approprié (systèmes d'inertie). En raison de ce fait, l'espace coordonné acquiert une propriété physique indépendante, qui est étrangère à la notion purement géométrique d'espace, une circonstance qui fut pour Newton un casse-tête considérable (expérience du seau) (1).

La mécanique n'est qu'un schéma général ; elle devient une théorie seulement par l'indication explicite des lois de force (*d*), comme l'a fait Newton avec tant de succès pour la mécanique céleste. Mais pour atteindre la plus haute simplicité logique des fondements cette méthode théorique est insuffisante, en ce sens que les lois de

(1) Ce défaut de la théorie ne pouvait être éliminé que par une formulation de la mécanique qui serait valable relativement à tous les Ko. C'est là un des pas qui conduisent à la théorie de la relativité générale. Un second défaut, également éliminé par l'introduction de la théorie de la relativité générale, réside dans le fait que la mécanique ne fournit pas elle-même de raison pour l'égalité de la masse pesante et de la masse inerte d'un point matériel.

force ne peuvent pas être obtenues par des considérations logiques et formelles, de sorte que leur choix est a priori à un haut degré arbitraire. La loi de la gravitation de Newton, elle aussi, se distingue d'autres lois de force imaginables uniquement par son *succès*.

Bien que nous sachions aujourd'hui positivement que la mécanique classique est insuffisante à servir de fondement à toute la physique, elle reste toujours au centre de la réflexion en physique. La raison en est que nonobstant les progrès importants réalisés depuis, nous ne sommes pas encore arrivés à un nouveau fondement de la physique qui nous permette d'être certains que toute la complexité des phénomènes explorés et les systèmes théoriques partiels couronnés de succès puissent en être logiquement déduits. Dans les lignes qui suivent j'essaierai de décrire brièvement ce qu'il en est.

Il faut premièrement nous rendre parfaitement compte jusqu'à quel point le système de la mécanique classique s'est montré capable de servir de base à l'ensemble de la physique. Puisque nous nous occupons ici seulement des fondements de la physique et de leur développement, nous laisserons de côté les progrès purement *formels* de la mécanique (équations de Lagrange, équations canoniques, etc.). Une remarque, cependant, nous paraît indispensable. La notion de « point matériel » est fondamentale pour la mécanique. Si maintenant nous voulons obtenir la mécanique d'un objet matériel — et, rigoureusement parlant, tout objet « perceptible par nos sens » est de cette catégorie — alors la question suivante se pose : Comment devrons-nous nous représenter l'objet constitué par des points matériels et quelles forces devrons-nous supposer comme agissant entre eux ? Il est indispensable de formuler cette question, si la mécanique prétend décrire les objets *complètement*.

C'est une tendance naturelle à la mécanique de considérer ces points matériels et les lois des forces qui agissent entre eux comme invariables, puisque de tels changements dans le temps sont en dehors du domaine de l'explication par la mécanique. Par là nous pouvons voir que la mécanique classique nous conduit nécessairement à une construction atomiste de la matière. Et nous constatons maintenant avec évidence combien sont dans l'erreur les théoriciens de la connaissance qui croient que la théorie vient par induction de l'expérience. Même le grand Newton n'a pu s'affranchir de cette erreur (« *Hypotheses non fingo* » = Je ne fais pas d'hypothèses).

Afin de ne pas se perdre sans retour dans ce genre de réflexions (théorie atomique) la science s'en tira d'abord de la manière suivante. La mécanique d'un système est déterminée si son énergie potentielle est donnée en fonction de sa configuration. Maintenant, si les forces agissantes sont d'un genre tel qu'elles garantissent le maintien d'un certain ordre dans la configuration du système, alors la configuration peut être décrite avec une exactitude suffisante par un nombre relativement petit de variables de configuration q_r ; l'énergie potentielle n'est prise en considération que dans la mesure où elle dépend de *ces variables* (par exemple, description de la configuration d'un corps pratiquement rigide par six variables).

Une seconde méthode d'application de la mécanique, qui évite de prendre en considération la division de la matière jusqu'aux points matériels « réels », est la mécanique des soi-disant milieux continus. Cette mécanique est caractérisée par la fiction que la densité et la vitesse de la matière dépendent d'une façon continue des coordonnées et du temps, et que la partie des interactions non explicitement donnée peut s'interpréter comme des forces superficielles (forces de pression) qui sont aussi des fonctions continues de la position. C'est dans ce cadre que se situent la théorie de l'hydrodynamique et la théorie de l'élasticité des corps solides. Ces théories évitent d'introduire explicitement des points matériels en se servant de fictions qui, à la lumière des fondements de la mécanique classique, peuvent seulement avoir une signification approximative.

Outre leur grande signification *pratique*, ces disciplines ont — grâce à l'élargissement des idées dans le monde mathématique — créé ces instruments auxiliaires formels (équations aux dérivées partielles) qui ont été nécessaires aux tentatives faites ensuite pour donner à la physique tout entière une base nouvelle par rapport à celle de Newton.

Ces deux modes d'application de la mécanique appartiennent à la soi-disant physique « phénoménologique ». Ce qui caractérise ce genre de physique, c'est qu'elle fait usage autant que possible de concepts qui sont tout près de l'expérience, mais qui, pour cette raison, doivent largement renoncer à l'unité des fondements. La chaleur, l'électricité, la lumière sont décrites par des variables d'état spécifiques et des constantes matérielles, en sus de l'état mécanique. La détermination de la manière dont ces variables dépendent les unes des autres et aussi du temps est un problème à résoudre essentiellement par voie empirique. Beaucoup de contemporains de Maxwell voyaient dans ce genre de représentation le but ultime de la physique qui, pensaient-ils, pouvait être obtenu de l'expérience par voie purement inductive, en raison du contact relativement étroit des concepts employés avec l'expérience. Du point de vue de la théorie de la connaissance, St. Mill et E. Mach adoptaient à peu près ce point de vue.

A mon avis, le plus grand exploit de la mécanique de Newton réside dans le fait que son application systématique a conduit à dépasser ce point de vue (phénoménologique), particulièrement dans le domaine des phénomènes calorifiques. Ceci s'est produit grâce à la théorie cinétique des gaz et, d'une manière générale, grâce à la mécanique statistique. La première a réuni l'équation d'état des gaz parfaits, la viscosité, la conductibilité et la diffusion des gaz, les phénomènes de rayonnement dans les gaz, et montra la connexion logique entre des phénomènes qui, du point de vue de l'expérience directe, n'avaient absolument rien de commun.

La mécanique statistique donna une interprétation mécanique des concepts et des lois thermodynamiques et détermina la limite d'application des notions et des lois de la théorie classique de la chaleur. Cette théorie cinétique qui dépassa de loin la physique phénoménologique en ce qui concerne l'unité logique de ses fondements, produisit de plus des valeurs définies pour les vraies grandeurs des atomes et des molécules, qui résultèrent de diverses méthodes indépendantes et furent ainsi raisonnablement mises hors de doute. Ces progrès décisifs furent payés par l'association d'objets concrets (atomes ou molécules) aux points matériels, entités dont le caractère spéculatif et constructif était manifeste. Personne ne pouvait espérer jamais « percevoir directement » un atome. Des lois concernant des variables plus directement liées à des faits expérimentaux (par exemple, la température, la pression, la vitesse) furent cependant déduites des idées fondamentales au moyen de calculs compliqués. De cette façon, la physique (du moins une partie d'elle), qui fut à l'origine construite phénoménologiquement, fut ramenée, en se fondant sur la mécanique de Newton des atomes et des molécules, à une base plus éloignée de l'expérience directe, mais d'un caractère plus unitaire

3. — Le concept de champ

Pour expliquer les phénomères optiques et électriques, la mécanique de Newton a été bien moins heureuse qu'elle n'a été dans les domaines cités plus haut. Il est vrai que Newton essaya, dans sa théorie corpusculaire de la lumière, de ramener celle-ci au mouvement de points matériels. Plus tard, cependant, lorsque les phénomènes de polarisation, de diffraction et d'interférences imposèrent à sa théorie des modifications de plus en plus artificielles, la théorie ondulatoire de Huygens l'emporta. Cette théorie doit probablement son origine essentiellement aux phénomènes de l'optique cristalline et à la théorie du son, qui était déjà à ce moment assez perfectionnée. Il faut reconnaître que la théorie de Huygens était aussi basée en premier lieu sur la mécanique classique. Mais il fallait adopter, comme support des mouvements ondulatoires, l'éther qui pénètre tous les corps et dont la construction à partir de points matériels ne pouvait être suggérée par aucun phénomène connu. On n'a jamais pu se faire une image claire des forces internes gouvernant l'éther, ni des forces qui agissent entre l'éther et la matière « pondérable », si bien que les fondements de cette théorie restèrent éternellement dans les ténèbres. La base véritable était une équation aux dérivées partielles, dont la réduction à des éléments mécaniques resta toujours problématique.

Pour la compréhension théorique des phénomènes électriques et magnétiques on introduisit de même des masses d'un genre spécial et l'on supposa l'existence de forces à distance entre ces masses, similaires aux forces gravitationnelles de Newton. Ces sortes de matière paraissaient cependant être privées de la propriété fondamentale de l'inertie, et les forces agissant entre ces masses et la matière pondérable restèrent obscures. A ces difficultés devait s'ajouter le caractère polaire de ce genre de matière qui ne s'ajustait pas au schéma de la mécanique classique. La base de la théorie devint encore moins satisfaisante quand les phénomènes électrodynamiques furent connus, malgré le fait que ces phénomènes amenèrent le physicien à expliquer les phénomènes magnétiques par les phénomènes électrodynamiques, ce qui rendit ainsi superflue l'hypothèse des masses magnétiques. La rançon de ce progrès était, en effet, une complexité croissante des forces d'interaction qu'on devait supposer exister entre les masses électriques en mouvement.

La théorie du champ électrique de Faraday et de Maxwell, grâce à laquelle on s'est tiré de cette situation peu satisfaisante, représente probablement la transformation la plus profonde que les fondements de la physique aient subie depuis le temps de Newton. C'était un pas nouveau dans la direction de la spéculation constructive, qui a élargi la distance entre les fondements de la théorie et ce que nous pouvons connaître par les cinq sens. En effet l'existence du champ se manifeste seulement quand on y introduit des corps chargés d'électricité. Les équations différentielles de Maxwell relient les dérivées spatiales et temporelles du champ électrique et du champ magnétique. Les masses électriques ne sont rien de plus que des endroits où la divergence du champ électrique ne s'annule pas. Les ondes de lumière apparaissent comme des processus ondulatoires du champ électromagnétique dans l'espace.

Certes, Maxwell a encore essayé d'interpréter mécaniquement sa théorie du champ au moyen de modèles mécaniques d'éther. Mais ces tentatives passèrent graduellement à l'arrière-plan après la représentation — débarrassée de toute addition inutile — donnée par H. Hertz, de sorte que dans cette théorie le champ occupa finalement la position fondamentale qui avait été occupée dans la mécanique de Newton par les points matériels. Mais avant tout ceci s'applique seulement au champ électromagnétique dans l'espace vide.

Dans sa phase initiale la théorie était encore tout à fait insuffisante pour l'intérieur de la matière, parce que, ici, il fallait introduire deux vecteurs électriques, qui étaient reliés par des relations dépendant de la nature du milieu, relations inaccessibles à une quelconque analyse théorique. Il en était de même avec le champ magnétique et la relation entre la densité du courant électrique et le champ.

Ici H. A. Lorentz trouva une issue qui montra en même temps le chemin pour une théorie électrodynamique des corps en mouvement, plus ou moins exempte de suppositions arbitraires. Sa théorie était construite sur l'hypothèse fondamentale suivante.

Partout (y compris à l'intérieur des corps pondérables) le siège du champ est l'espace vide. La participation de la matière aux phénomènes électromagnétiques repose uiquement sur le fait que les particules élémentaires de la matière portent des charges électriques inaltérables et sont pour cette raison sujettes, d'une part, aux actions des forces pondéromotrices et possèdent, d'autre part, la propriété d'engendrer un champ. Les particules élémentaires obéissent à la loi de Newton du point matériel.

C'est en s'appuyant sur cette base que Lorentz a obtenu sa synthèse de la mécanique de Newton et de la théorie du champ de Maxwell. La faiblesse de cette théorie résidait dans le fait qu'elle essayait de déterminer les phénomènes par une combinaison d'équations aux dérivées partielles (équations du champ de Maxwell pour l'espace vide) et d'équations différentielles ordinaires (équations du mouvement de points), un procédé qui était manifestement contre nature. Le caractère peu satisfaisant de cette théorie se montra visiblement par la nécessité de supposer que les particules ont des dimensions finies, afin d'éviter que le champ électromagnétique existant à leur surface ne devienne infiniment grand. La théorie était de plus incapable de donner une explication sur la nature des forces énormes qui maintiennent les charges électriques sur les particules individuelles. Lorentz accepta tout d'abord ces faiblesses de sa théorie, qu'il connaissait parfaitement, afin d'expliquer correctement les phénomènes au moins dans leurs lignes générales.

En outre, il y avait une considération qui dépassait le cadre de sa théorie. Dans le voisinage d'un corps chargé d'électricité il y a un champ magnétique qui fournit une contribution (apparente) à son inertie. Ne serait-il pas possible d'expliquer l'inertie *totale* des particules par la voie électromagnétique ? Il est clair que ce problème ne pouvait être élaboré d'une manière satisfaisante que si les particules pouvaient être interprétées comme des solutions régulières des équations aux dérivées partielles électromagnétiques. Les équations de Maxwell sous leur forme originelle n'admettent pourtant pas une telle description des particules, parce que leurs solutions correspondantes contiennent une singularité. Les théoriciens de la physique ont, par conséquent, essayé pendant longtemps d'atteindre le but en modifiant les équations de Maxwell.

Ces tentatives n'ont cependant pas été couronnées de succès. C'est ainsi qu'échoua tout d'abord la tentative de construire une théorie électromagnétique de la matière fondée exclusivement sur le concept de champ, bien que rien ne pût lui être objecté en principe. Ce qui empêchait de faire une nouvelle tentative dans cette direction, c'était le manque d'une méthode systématique pouvant conduire à la solution. Pourtant, ce qui me paraît certain, c'est que dans une théorie de champ cohérente, ne doit pas apparaître, à côté du concept de champ, le concept de particule. La théorie tout entière doit être basée uniquement sur des équations aux dérivées partielles et leurs solutions sans singularité.

4. — La théorie de la relativité.

Il n'y a pas de méthode inductive qui puisse conduire aux concepts fondamentaux de la physique. Faute de comprendre ce fait, bien des chercheurs du XIXe siècle ont été victimes d'une erreur philosophique fondamentale. Ce fut probablement la raison pourquoi la théorie moléculaire et la théorie de Maxwell ne purent s'établir qu'à une date relativement tardive. La pensée logique est nécessairement déductive, elle est basée sur des concepts hypothétiques et des axiomes. Quel espoir y a-t-il de choisir ces derniers d'une façon telle qu'on puisse espérer la confirmation de leurs conséquences ?

Le cas le plus favorable est évidemment celui où les nouvelles hypothèses fondamentales sont suggérées par l'expérience elle-même. L'hypothèse de la non-existence du mouvement perpétuel, qui est la base de la thermodynamique, fournit un exemple d'une hypothèse fondamentale suggérée par l'expérience ; ceci est également vrai pour le principe de l'inertie de Galilée. A la même catégorie appartiennent aussi les hypothèses fondamentales de la théorie de la relativité, qui a conduit à une extension et à un approfondissement de la théorie du champ et au remplacement des fondements de la mécanique classique.

Les succès de la théorie de Maxwell-Lorentz ont inspiré une grande confiance dans la validité des équations électromagnétiques du vide et, ainsi, tout particulièrement, dans l'énoncé que la lumière se propage « dans l'espace » avec une certaine vitesse constante *c*. Cette loi de l'invariabilité de la vitesse de la lumière est-elle valable relativement à n'importe quel système d'inertie ? Si elle ne l'était pas, alors un système d'inertie spécifique ou, plus exactement, un état de mouvement spécifique (d'un corps de référence) se distinguerait de tous les autres. Contre cette idée se dressent cependant tous les faits expérimentaux de la mécanique et de l'électromagnétisme ou de l'optique.

Il était pour ces raisons devenu nécessaire d'élever la loi de la constance de la vitesse de la lumière pour tous les systèmes d'inertie au rang de principe. De là il suit que les coordonnées spatiales x_1, x_2, x_3 et le temps x_4 doivent se transformer conformément à la « transformation de Lorentz », qui est caractérisée par l'invariance de l'expression

$$ds^2 = dx_1{}^2 + dx_2{}^2 + dx_3{}^2 - dx_4{}^2,$$

(si l'unité de temps est choisie de telle sorte que la vitesse de la lumière $c = 1$).

Par ce procédé le temps perdit son caractère absolu et fut adjoint aux coordonnées « spatiales » comme une grandeur ayant (presque) le même type algébrique. Le caractère absolu du temps et particulièrement celui de la simultanéité était détruit et la description quadridimensionnelle fut introduite comme la seule qui soit adéquate.

Pour rendre compte aussi de l'équivalence de tous les systèmes d'inertie relativement à tous les phénomènes de la nature, il est alors nécessaire d'exiger l'invariance relativement à la transformation de Lorentz de tous les systèmes d'équations physiques qui expriment des lois générales. C'est la satisfaction de cette exigence qui forme le contenu de la théorie de la relativité restreinte.

Cette théorie est compatible avec les équations de Maxwell, mais elle n'est pas compatible avec la base de la mécanique classique. Il est vrai que les équations du mouvement du point matériel peuvent être modifiées (et avec elles les expressions de la quantité du mouvement et de l'énergie cinétique du point matériel) de telle sorte qu'elles satisfont à la théorie ; mais le concept de force d'interaction, et avec lui le concept d'énergie potentielle d'un système, perdent leur base, parce que ces concepts reposent sur l'idée de simultanéité absolue. Le champ, qui est déterminé par des équations différentielles, prend la place de la force.

Puisque la théorie dont on vient de parler n'admet d'interaction que par l'intermédiaire de champs, elle rend nécessaire une théorie du champ de la gravitation. Il n'est pas, en effet, difficile de formuler une théorie dans laquelle, comme dans la théorie de Newton, le champ de gravitation peut être réduit à un scalaire qui est la solution d'une équation aux dérivées partielles. Mais les faits expérimentaux exprimés dans la théorie de la gravitation de Newton conduisent dans une autre direction, celle de la théorie de la relativité générale.

La mécanique classique contient un point peu satisfaisant en ce que, dans ses fondements, la même constante, la masse, joue deux rôles différents, celui de « masse inerte » dans la loi du mouvement et celui de « masse pesante » dans la loi de la gravitation. Le résultat en est que l'accélération d'un corps dans un champ de gravitation pur est indépendante de sa matière ; ou encore, dans un système de coordonnées *uniformément accéléré* (relativement à un « système d'inertie ») les mouvements ont lieu comme ils auraient lieu dans un champ de gravitation homogène (relativement à un système de coordonnées « au repos »). Si l'on admet que l'équivalence de ces deux cas est complète, on arrive alors à adapter la théorie au fait que la masse pesante et la masse inerte sont identiques.

Mais alors la préférence de principe accordée aux systèmes d'inertie tombe et nous devons admettre que les transformations *non linéaires* des coordonnées (x_1, x_2, x_3, x_4) sont tout aussi justifiées. Si nous effectuons une telle transformation à partir d'un système de coordonnées de la théorie de la relativité restreinte, alors la métrique

$$ds^2 = dx_1{}^2 + dx_2{}^2 + dx_3{}^2 - dx_4{}^2$$

devient la métrique générale (Riemannienne) d'expression

$ds^2 = g_{\mu\nu}\, dx_\mu\, dx_\nu$ (sommé par rapport à μ et à ν), où les $g_{\mu\nu}$, symétriques en μ et en ν, sont certaines fonctions de $x_1 \ldots\ x_4$ qui décrivent aussi bien les propriétés métriques que le champ de gravitation relativement au nouveau système de coordonnées.

Ce progrès dans l'interprétation des fondements de la mécanique a cependant pour inconvénient — comme le montre un examen plus attentif — que les nouvelles coordonnées ne peuvent plus être interprétées comme des résultats de mesures à l'aide de corps rigides et d'horloges, comme elles pouvaient l'être dans le système originel (système d'inertie avec un champ de gravitation évanouissant).

Le passage à la théorie de la relativité générale est alors réalisé grâce à l'hypothèse qu'une telle représentation des propriétés de champ de l'espace, déjà mentionnées, par les fonctions $g_{\mu\nu}$ (c'est-à-dire par une métrique de Riemann) est aussi justifiée dans le cas *général,* où il n'y a pas de système de coordonnées relativement auquel la métrique prend la forme simple quasi-euclidienne de la théorie de la relativité restreinte.

Or, les coordonnées, en elles-mêmes, n'expriment plus des relations métriques, mais seulement le « voisinage » des choses décrites, dont les coordonnées ne diffèrent que peu l'une de l'autre. Toutes les transformations des coordonnées doivent être admises tant que ces transformations sont exemptes de singularités. Seules les équations qui sont covariantes relativement à des transformations arbitraires au sens précédent conviennent pour exprimer les lois générales de la nature (postulat de covariance générale).

Le premier but de la théorie de la relativité générale était une version préliminaire qui, en abandonnant l'exigence de constituer une chose achevée en elle-même, pouvait être relié d'une manière aussi simple que possible aux « faits directement observés ». La théorie de la gravitation de Newton en donnait un prototype à condition de se limiter à la pure mécanique de la gravitation. Cette version préliminaire peut être caractérisée de la façon suivante :

(1) Le concept de point matériel et de sa masse est retenu. Une loi de son mouvement est formulée, laquelle est une traduction de la loi de l'inertie dans le langage de la théorie de la relativité

générale. Cette loi est un système d'équations différentielles ordinaires, celui des géodésique.

(2) A la place de la loi newtonienne de l'interaction gravitationnelle, on pose le système des équations différentielles généralement covariantes les plus simples qui puissent être établies pour le tenseur $g_{\mu\nu}$. Il est formé en réduisant à zéro le tenseur de courbure Riemannien contracté une fois ($R_{\mu\nu} = 0$).

Cette formulation permet de traiter le problème des planètes. Pour parler plus exactement, elle permet de traiter le problème du mouvement de points matériels, de masse pratiquement négligeable, dans le champ de gravitation produit par un point matériel, qui est supposé n'avoir lui-même aucun mouvement (symétrie centrale). Elle ne tient pas compte de la réaction des points matériels « mus » sur le champ de gravitation, et ne décrit pas non plus comment la masse centrale produit ce dernier.

L'analogie avec la mécanique classique montre que ce qui suit offre un moyen de compléter la théorie. On pose comme équation du champ

$$R_{ik} - \frac{1}{2} g_{ik} R = - T_{ik},$$

où R représente la courbure scalaire Riemannienne, T_{ik} le tenseur d'énergie de la matière dans une représentation phénoménologique. Le premier membre de l'équation est choisi de telle sorte que sa divergence disparaît identiquement. La disparition de la divergence du second membre qui en résulte produit les « équations du mouvement » de la matière, sous la forme d'équations aux dérivées partielles pour le cas où T_{ik} introduit, pour la description de la matière, seulement *quatre* fonctions de plus indépendantes les unes des autres (par exemple, densité, pression, et composantes de vitesse, où il existe entre les dernières une identité, et entre la pression et la densité une équation de condition).

Par cette formulation on réduit toute la mécanique de la gravitation à la solution d'un seul système d'équations aux dérivées partielles covariantes. La théorie évite tous les défauts internes que nous avons reprochés aux fondements de la mécanique classique. Elle est suffisante, autant que nous sachions, pour la représentation des faits observés de la mécanique céleste. Mais elle ressemble à un édifice dont une aile est bâtie de marbre fin (premier membre de l'équation) et l'autre de bois de qualité inférieure (second membre de l'équation). La représentation phénoménologique de la matière ne supplée, en réalité, que très imparfaitement une représentation qui correspondrait à toutes les propriétés connues de la matière.

Il n'y a pas de difficulté à relier la théorie du champ électromagnétique de Maxwell à la théorie du champ de gravitation tant qu'on se limite à l'espace, libre de matière pondérable et libre de charges électriques. Tout ce qu'il est nécessaire de faire est de mettre, dans le second membre de l'équation ci-dessus, pour T_{ik} le tenseur d'énergie du champ électromagnétique dans le vide et d'associer au système d'équations ainsi modifié les équations de Maxwell pour le vide, écrites sous une forme généralement covariante. Sous ces conditions il existera entre toutes ces équations un nombre suffisant d'identités différentielles pour garantir leur compatibilité. Nous pouvons ajouter que cette propriété formelle nécessaire de tout le système d'équations laisse arbitraire le choix du signe du membre T_{ik}, un fait qui s'est montré important par la suite.

Le désir d'obtenir pour les fondements de la théorie la plus grande unité possible a suscité plusieurs tentatives d'unir le champ de gravitation et le champ électromagnétique en une seule image formelle et homogène. Ici nous devons mentionner particulièrement la théorie à cinq dimensions de Kaluza et Klein. Ayant examiné cette possibilité très soigneusement, je trouve qu'il est préférable d'accepter le manque d'unité interne de la théorie originale, parce que je ne pense pas que l'ensemble des hypothèses qui sont à la base de la théorie à cinq dimensions contienne moins d'abitraire que la théorie originale. La même observation peut être faite au sujet de la variété projective de la théorie, qui a été élaborée avec grand soin en particulier par V. Dantzig et par Pauli.

Les considérations précédentes concernent exclusivement la théorie du champ libre de matière. Comment devons-nous procéder à partir de ce point pour obtenir une théorie complète de la matière constituée d'atomes ? Dans une telle théorie les singularités doivent certainement être exclues, puisque, sans une telle exclusion, les équations différentielles ne déterminent pas complètement le champ total. Ici, dans la théorie de la relativité générale, nous rencontrons le même problème d'une représentation de la matière par une théorie de champ que celui qui se présente originellement en connexion avec la seule théorie de Maxwell.

De nouveau la tentative de construire des particules en partant de la théorie du champ conduit apparemment à des singularités. Ici également on a cherché à remédier à ce défaut en introduisant de nouvelles variables de champ, en élaborant et en étendant le système d'équations du champ. J'ai, cependant, récemment découvert, en collaboration avec le Dr Rosen, que la combinaison la plus simple, plus haut mentionnée, des équations du champ de gravitation et de l'électricité produit des solutions à symétrie centrale qui peuvent être représentées sans singularités (les solutions à symétrie centrale bien connues de Schwarzschild pour le champ de gravitation pur, et celles de Reissner pour le champ électrique en tenant compte de son action gravifique). Nous y reviendrons brièvement dans le paragraphe 6. De cette façon il paraît possible d'obtenir pour la matière et ses interactions une théorie du champ pur exempte d'hypothèses additionnelles, une théorie dont la comparaison avec l'expérience n'offre pas d'autres difficultés que des difficultés purement mathématiques, lesquelles sont à vrai dire très sérieuses.

5. — La théorie des quanta et les fondements de la physique.

Les théoriciens de la physique de notre génération s'attendent à la construction d'une nouvelle base théorique de la physique, qui ferait usage de concepts fondamentaux différant considérablement de ceux de la théorie du champ considérée jusqu'à présent. La raison en est qu'on a été obligé d'employer, pour la représentation mathématique des phénomènes dits quantiques, de nouvelles manières de voir.

Tandis que le défaut de la mécanique classique, révélé par la théorie de la relativité, était lié au caractère fini (non infini) de la vitesse de la lumière, on a découvert au commencement de notre siècle qu'il y avait encore d'autres désaccords entre les déductions de la mécanique et les faits de l'expérience, désaccords qui sont liés à la grandeur finie (non nulle) de la constante h de Planck. En particulier, tandis que la mécanique moléculaire exige que la capacité calorifique et la densité de rayonnement (monochromatique) des corps solides décroissent tous deux, pour l'essentiel, *proportionnellement* à la décroissance de la température absolue, l'expérience a montré que ces grandeurs énergétiques décroissent beaucoup plus rapidement avec la température. Pour rendre compte théoriquement de ce comportement il était nécessaire de supposer que l'énergie d'un système mécanique ne peut pas prendre n'importe quelle valeur, mais seulement certaines valeurs discrètes dont les expressions mathématiques dépendaient toujours de la constante *h* de Planck. De plus, cette conception était essentielle pour la théorie de l'atome (théorie de Bohr). Pour les passages de ces états de l'un à l'autre — avec ou sans émission ou absorption de rayonnement — aucune loi causale ne pouvait être indiquée, mais seulement des lois statistiques ; on arrivait à une conclusion semblable pour la désintégration radioactive des atomes, soigneusement étudiée vers la même époque. Pendant plus de deux décades les physiciens ont vainement essayé de trouver une interprétation unifiée de ce « caractère quantique » des systèmes et des processus. Une telle tentative fut couronnée de succès, il y a une dizaine d'années, par l'emploi de deux méthodes théoriques entièrement différentes. Une de ces méthodes est due à Heisenberg et à Dirac, l'autre à de Broglie et à Schrödinger. L'équivalence mathématique des deux méthodes fut bientôt reconnue par Schrödinger. Je vais essayer d'esquisser le mode de raisonnement de de Broglie et de Schrödinger, qui est plus près de la façon de penser du physicien, et je ferai suivre la description de quelques considérations générales.

La question se pose d'abord : Comment pouvons-nous assigner une suite discrète de valeurs d'énergie H_σ à un système donné au sens de la mécanique classique (l'énergie est une fonction donnée des coordonnées q_r, et des quantités de mouvement correspondantes p_r) ? La constante de Planck associe aux valeurs d'énergie H_σ les fréquences H_σ/h. Il suffit, par conséquent, de donner au système une suite de valeurs discrètes de la *fréquence*. Ceci nous rappelle le fait qu'en acoustique une série de valeurs de fréquence discrètes est associée à une équation aux dérivées partielles linéaire (si les valeurs aux limites sont données), c'est-à-dire celles des solutions périodiques sinusoïdales. D'une manière analogue, Schrödinger s'est donné comme tâche d'associer une équation aux dérives partielles pour une fonction scalaire ψ à la fonction énergie donnée $\mathscr{E}$ (q_r, p_r), où les q_r et le temps t sont les variables indépendantes. Il y réussit (pour une fonction complexe ψ) de telle sorte que les valeurs théoriques de l'énergie H_σ, telles que les réclame la théorie statistique, résultèrent réellement d'une manière satisfaisante de la solution périodique de l'équation.

Bien entendu, il ne fut pas possible d'associer un mouvement défini, au sens de la mécanique de points matériels, à une solution définie ψ (q_r, t) de l'équation de Schrödinger. Cela signifie que la fonction ψ ne détermine pas, du moins *exactement*, l'histoire des q_r, comme fonctions du temps t. Selon Born, cependant, la signification physique des fonctions ψ résultait de l'interprétation suivante : $\psi\bar{\psi}$ (le carré de la valeur absolue de la fonction complexe ψ) est la densité de probabilité au point considéré dans l'espace de configuration des q_r au temps t. Il est, par conséquent, possible de caractériser le contenu de l'équation de Schrödinger de la manière suivante, qui est facile à comprendre, mais qui n'est pas tout à fait exacte : elle détermine comment la densité de probabilité d'un ensemble statistique de systèmes varie dans l'espace de configuration avec le temps. En bref, l'équation de Schrödinger détermine le changement de la fonction ψ des q_r, au cours du temps.

Il convient de mentionner que les résultats de cette théorie contiennent comme cas limites les résultats de la mécanique du point, si les longueurs d'onde qui proviennent de la solution du problème de Schrödinger sont partout si petites que l'énergie potentielle varie pratiquement infiniment peu sur une distance d'une longueur d'onde dans l'espace de configuration. Sous ces conditions on peut effectivement mettre en évidence ce qui suit : Nous choisissons une région G_0 dans l'espace de configuration qui, bien que grande (dans toutes les dimensions) par rapport à la longueur d'onde, est petite par rapport aux dimensions pratiques de l'espace de configuration. Sous ces conditions il est possible de choisir une fonction ψ pour un temps initial t_0 de telle sorte qu'elle s'évanouit à l'extérieur de la région G_0 et se comporte, conformément à l'équation de

Schrödinger, d'une manière telle qu'elle garde cette propriété aussi — du moins approximativement — pour un temps ultérieur, à la différence près que la région G_0 est devenue la région G. De cette façon on peut, approximativement, parler du mouvement de la région G comme un tout et rapprocher ce mouvement du mouvement d'un point dans l'espace de configuration. Ce mouvement coïncide alors avec le mouvement exigé par les équations de la mécanique classique.

Des expériences d'interférences faites sur des faisceaux de corpuscules ont fourni une preuve éclatante que le caractère ondulatoire des phénomènes de mouvement, comme le suppose la théorie, correspond réellement aux faits. La théorie a, de plus, aisément réussi à mettre en évidence les lois statistiques du passage d'un système d'un état quantique à un autre sous l'action de forces externes, ce qui, du point de vue de la mécanique classique, apparaît comme un miracle. Les forces extérieures étaient ici représentées par de petits accroissements d'énergie potentielle dépendant du temps. Or, tandis que dans la mécanique classique de tels accroissements ne peuvent produire que des changements du mêmê ordre de grandeur dans le système, ils produisent dans la mécanique quantique des changements de n'importe quelle grandeur, mais avec une probabilité d'une faiblesse correspondante, une conséquence qui est en parfait accord avec l'expérience. La théorie a même fait comprendre, au moins dans leurs grandes lignes, les lois de la désintégration radioactive.

Probablement jamais dans le passé une théorie n'a été développée qui ait fourni, comme l'a fait la mécanique quantique, une clé pour interpréter et calculer un groupe de phénomènes expérimentaux aussi hétérogènes. Malgré cela, je crois néanmoins que cette théorie est capable de nous égarer dans notre recherche d'une base unifiée pour la physique, parce qu'elle est, à mon avis, une représentation *incomplète* de choses réelles, bien qu'elle soit la seule qui convienne et qui puisse être construite à partir des concepts fondamentaux de force et de points matériels (corrections quantiques à la mécanique classique). L'état incomplet de la représentation est le résultat de la nature statistique (de l'état incomplet) des lois. Je vais maintenant justifier cette opinion.

Je demande d'abord : jusqu'à quel degré la fonction ψ décrit-elle un état réel d'un système mécanique ? Supposons que les ψ_r soient les solutions périodiques (classées dans l'ordre de valeurs d'énergie croissantes) de l'équation de Schrödinger. Je laisse de côté, pour le moment, la question de savoir jusqu'à quel point les ψ_r individuelles sont des descriptions *complètes* d'états physiques. Un système se trouve tout d'abord dans l'état ψ_1 du plus bas degré d'énergie ε_1. Puis, pendant un temps limité, une petite force perturbatrice agit sur le système. Un instant après, on obtient par l'équation de Schrödinger une fonction ψ de la forme

$$\psi = \Sigma c_r \psi_r,$$

où les c_r sont des constantes (complexes). Si les ψ_r sont « normalisées », alors $|c_1|$ est à peu près égal à 1, $|c_2|$ etc. est petit comparé à 1. On peut maintenant demander : Est-ce que ψ décrit un état réel du système ? Si la réponse est affirmative, alors nous ne pouvons pratiquement pas faire autrement que d'attribuer (1) à cet état une énergie définie ε et, en particulier, une énergie telle qu'elle dépasse un peu ε_1 (en tout cas $\varepsilon_1 < \varepsilon < \varepsilon_2$). Une telle supposition est cependant en désaccord avec les expériences de chocs électroniques faites par J. Franck et G. Hertz si, de plus, on accepte la démonstration de Millikan de la nature discrète de l'électricité. En effet, ces expériences conduisent à la conclusion qu'il n'existe pas de valeurs d'énergie d'un état situées entre les valeurs quantiques. De là il suit que notre fonction ψ ne décrit en aucune façon un état unique du corps, mais qu'elle représente plutôt une description statistique dans laquelle les c_r représentent des probabilités des valeurs d'énergie individuelles. Il paraît clair, par conséquent, que l'interprétation statistique de la théorie des quanta par Born est la seule possible. La fonction

(1) Parce que, conformément à une conséquence bien établie de la théorie de la relativité, l'énergie d'un système complet (au repos) est égale à son inertie (comme un tout). Celle-ci, cependant, doit avoir une valeur bien définie.

ψ ne décrit en aucune manière un état qui pourrait être celui d'un système individuel ; elle se rapporte plutôt à plusieurs systèmes, à « un ensemble de systèmes », au sens de la mécanique statistique. Si, certains cas spéciaux exceptés, la fonction ψ fournit seulement des données *statistiques* concernant des grandeurs mesurables, la raison n'en est pas seulement le fait que *l'opération de mesure* introduit des éléments inconnus, qui ne peuvent être saisis que statistiquement, mais le fait même que la fonction ψ ne décrit absolument pas l'état d'*un* système individuel. L'équation de Schrödinger détermine les variations dans le temps qu'éprouve l'ensemble des systèmes, avec ou sans influence extérieure sur le système individuel.

Une telle interprétation élimine également le paradoxe récemment démontré par moi et mes deux collaborateurs, qui se rapporte au problème suivant.

Considérons un système mécanique constitué de deux systèmes partiels A et B qui agissent l'un sur l'autre pendant un temps limité seulement. Soit donnée la fonction ψ avant leur interaction. L'équation de Schrödinger fournira alors la fonction ψ après que l'interaction a eu lieu. Déterminons maintenant l'état physique du système partiel A d'une manière aussi complète que possible par des mesures. Alors la mécanique quantique nous permet de déterminer la fonction ψ du système partiel B d'après les mesures faites et d'après la fonction ψ du système total. Cette détermination, cependant, donne un résultat qui dépend de celles des grandeurs de A qui ont été mesurées (p. ex. coordonnées *ou* quantités de mouvement). Puisqu'il ne peut y avoir *qu'un* état physique de B après l'interaction, qui ne peut pas raisonnablement être considéré comme dépendant de la mesure particulière que nous effectuons sur le système A séparé de B, ceci montre que la fonction ψ *n'est pas* n'est pas en correspondance univoque avec l'état physique. Cette coordination de plusieurs fonctions ψ au même état physique du système B montre à nouveau que la fonction ψ ne peut pas être interprétée comme une description (complète) d'un état physique d'un système individuel. Ici de même l'association de la fonction ψ à un ensemble de systèmes fait disparaître toute difficulté (1).

Le fait que la mécanique quantique permet de déduire, d'une manière si simple, des énoncés concernant des passages (apparemment) discontinus d'un état global à un autre, sans réellement donner une représentation du véritable processus, ce fait est lié à que la théorie n'opère pas, en réalité, avec le système individuel, mais avec un ensemble de systèmes. Les coefficients c_r de notre premier exemple sont réellement très peu changés

(1) L'opération de mesurer A, par exemple, implique en effet un passage à un ensemble de systèmes plus restreint. Ce dernier (par conséquent aussi sa fonction ψ) dépend du point de vue selon lequel cette restriction de l'ensemble de systèmes est faite.

sous l'action de la force extérieure. Par cette interprétation de la mécanique quantique, on arrive à comprendre pourquoi cette théorie peut aisément rendre compte du fait que de faibles forces perturbatrices sont capables de produire des changements aussi grands qu'on veut de l'état physique d'un système. De telles forces perturbatrices ne produisent, en effet, que de petits changements des *densités statistiques* dans l'ensemble des systèmes, et, par suite, des changements infiniment faibles des fonctions ψ, dont la description mathématique offre beaucoup moins de difficulté que n'offrirait la représentation mathématique des changements finis éprouvés par une partie des systèmes individuels. Ce qui a lieu dans un système individuel reste, il est vrai, complètement inexpliqué par cette manière de penser ; ce processus énigmatique est complètement éliminé de la représentation par la manière de voir statistique.

Mais je demande maintenant : Y a-t-il réellement un physicien qui croie que nous n'arriverons jamais à nous faire une idée de ces changements importants dans les systèmes individuels, de leur structure et de leurs connexions causales, et cela malgré le fait que ces processus individuels nous sont devenus si proches grâce aux merveilleuses inventions de la chambre de Wilson et du compteur Geiger ? Croire cela est sans contredit logiquement possible, mais c'est tellement contraire à mon instinct scientifique je ne peux pas renoncer à la recherche d'une manière de voir plus complète.

A ces considérations nous voudrions en ajouter d'autres d'un genre différent, qui militent également contre l'idée que les méthodes introduites par la théorie des quanta sont de nature à fournir une base utile pour toute la physique. Dans l'équation de Schrödinger le temps absolu et, aussi, l'énergie potentielle jouent un rôle décisif, alors que ces deux concepts ont été reconnus par la théorie de la relativité être, en principe inadmissibles. Si l'on veut éviter cette difficulté, il faut fonder la théorie sur les champs et les lois de champ, au lieu de la fonder sur les forces d'interaction. Ceci nous amène à appliquer les méthodes statistiques de la théorie des quanta aux champs, c'est-à-dire à des systèmes à une infinité de degrés de liberté. Bien que les tentatives faites jusqu'à présent se soient limitées aux équations linéaires qui, comme nous le savons par les résultats de la théorie de la relativité générale, sont insuffisantes, les complications que ces très ingénieuses tentatives ont rencontrées jusqu'à présent sont déjà terrifiantes. Elles s'élèveront certainement jusqu'à la hauteur du ciel, si l'on veut satisfaire aux exigences de la théorie de la relativité générale, dont le bien-fondé fondamental n'est mis en doute par personne.

Certes, on a fait remarquer que l'introduction d'un continuum d'espace-temps pourrait être considérée comme contraire à la nature, vu la structure moléculaire de tout ce qui se produit à une petite échelle. Le succès de la méthode de Heisenberg conduit peut-être à l'emploi d'une méthode purement algébrique pour décrire la nature, c'est-à-dire à l'élimination des fonctions continues de la physique. Mais alors, nous devrions aussi abandonner par principe le continuum d'espace-temps. Il n'est pas inconcevable que l'ingéniosité humaine arrive un jour à trouver des méthodes qui permettent de suivre cette route. Mais à l'heure actuelle, un tel programme ressemble à une tentative pour respirer dans l'espace vide.

Il est hors de doute que la mécanique quantique a saisi un bon morceau de la vérité et qu'elle sera une pierre de touche pour toute base théorique de l'avenir, en ce sens qu'il faudra pouvoir la déduire de cette base comme un cas limite, exactement comme l'électrostatique peut être déduite des équations de Maxwell pour le champ électromagnétique, ou comme la thermodynamique peut être déduite de la mécanique classique. Je ne crois cependant pas que la mécanique quantique puisse servir de *point de départ* à la recherche de cette base, exactement comme on ne pouvait, inversement, passer de la thermodynamique (ou de la mécanique statistique) aux fondements de la mécanique.

En face de cette situation, il paraît entièrement justifié de considérer sérieusement la question, si la base de la physique du champ ne pourrait pas *malgré tout* être mise en harmonie avec les faits de la théorie des quanta. N'est-ce pas la seule base qui, en conformité avec les possibilités actuelles de l'expression mathématique, puisse être adaptée aux exigences de la théorie de la relativité générale ? La croyance — dominante parmi les physiciens d'aujourd'hui — qu'une telle tentative n'aurait aucune chance de réussir a sa racine dans l'idée injustifiable qu'une telle théorie conduirait, en première approximation, aux équations de la mécanique classique pour le mouvement des corpuscules, ou du moins à des équations différentielles ordinaires. C'est un fait que jusqu'à présent nous n'avons jamais réussi à représenter des corpuscules théoriquement par des champs sans singularités, et nous ne pouvons, a priori, rien dire au sujet du comportement de telles entités. *Une chose*, cependant, est certaine : Si une théorie du champ aboutit à une représentation de corpuscules sans singularités, alors le comportement de ces corpuscules dans le temps est uniquement déterminé par les équations différentielles du champ.

6. — La théorie de la relativité et les corpuscules.

Je vais maintenant montrer que, conformément à la théorie de la relativité générale, il existe des solutions sans singularités des équations du champ, qui peuvent être interprétées comme représentant des corpuscules. Je me limite ici aux particules neutres, parce que j'ai exposé la chose d'une manière complète dans un autre écrit récemment publié, en collaboration avec le docteur Rosen, et parce que l'essentiel du problème peut être complètement mis en lumière dans ce cas.

Le champ gravifique est entièrement décrit par le tenseur $g_{\mu\nu}$. Dans le symbole à trois indices $\Gamma_{\mu\nu}{}^{\sigma}$ apparaissent aussi les composantes contrevariantes $g^{\mu\nu}$, qui sont définies comme les mineurs des $g_{\mu\nu}$ divisés par le déterminant g $(= |g_{\alpha\beta}|)$. Pour que les R_{ik} soient définis et finis, il ne suffit pas qu'il y ait, au voisinage de chaque point du continuum, un système de coordonnées dans lequel les $g_{\mu\nu}$ et leurs dérivées premières sont continus et différentiables, mais il est de plus nécessaire que le déterminant g ne s'évanouisse nulle part. Cette dernière restriction est cependant éliminée, si l'on remplace les équations différentielles $R_{ik} = 0$ par $g^2 R_{ik} = 0$, dont les premiers membres sont des fonctions rationnelles *entières* des g_{ik} et de leurs dérivées.

Ces équations ont les solutions à symétrie sphérique indiquées par Schwarzschild :

$$ds^2 = -\frac{1}{1-\frac{2m}{r}}\,dr^2 - r^2 \times$$

$$(d\theta^2 + \sin^2\theta\, d\varphi^2) + \left(1 - \frac{2m}{r}\right) dt^2.$$

Cette solution a une singularité à $r = 2m$, étant donné que le coefficient de dr^2 (c'est-à-dire g_{11})

devient infini sur cette hypersurface. Si cependant nous remplaçons la variable r par ρ, défini par l'équation

$$\rho^2 = r - 2m,$$

nous obtenons :

$$ds^2 = -4\,(2m + \rho^2)\,d\rho^2$$
$$-(2m + \rho^2)^2\,(d\theta^2 + \sin^2\theta d\varphi^2) + \frac{\rho^2}{2m + \rho^2}\,dt^2.$$

Cette solution se comporte d'une façon régulière pour toutes les valeurs de ρ. L'annulation du facteur de dt^2 (g_{44}) pour $\rho = 0$ entraîne, il est vrai, qu'alors le déterminant g disparaît, mais ceci ne signifie pas l'existence d'une singularité, grâce à la manière dont les équations de champ ont été écrites.

Quand ρ varie de $-\infty$ à $+\infty$, alors r varie de $+\infty$ à $r = 2m$ et revient ensuite à $+\infty$, tandis que pour des valeurs de r qui correspondent à $r < 2m$ il n'existe pas de valeurs correspondantes réelles de ρ. La solution de Schwarzschild devient ainsi une solution régulière en représentant l'espace physique comme étant composé de deux « coquilles » identiques qui se raccordent sur l'hypersurface $\rho = 0$, c'est-à-dire $r = 2m$, tandis que pour cette hypersurface le déterminant g s'évanouit. Nous appellerons une telle connexion entre les coquilles (identiques) un « pont ». L'existence d'un tel « pont » entre les deux coquilles dans le domaine fini correspond à l'existence d'une particule matérielle neutre qui est décrite sans singularités.

La solution du problème du mouvement de particules neutres revient manifestement à la découverte de solutions d'équations de la gravitation (écrites sans dénominateurs) qui contiennent plusieurs ponts.

La conception esquissée plus haut correspond, a priori, à la structure atomique de la matière, parce que le « pont » est par sa nature un élément discret. Nous voyons, de plus, que la constante *m* de la masse de la particule neutre doit nécessairement être positive, puisque aucune solution sans singularités ne peut correspondre à la solution de Schwarzschild pour une valeur négative de *m*. Seul l'examen du problème à plusieurs ponts peut montrer si, oui ou non, cette méthode théorique fournit une explication de l'égalité, empiriquement démontrée, des masses des particules qu'on trouve dans la nature, et si elle rend compte des faits que la mécanique quantique a si merveilleusement saisis.

D'une manière analogue, il est possible de démontrer que les équations combinées de la gravitation et de l'électricité (avec un choix approprié du signe du membre électrique dans les équations de la gravitation) fournissent une représentation sans singularités, du type pont, du corpuscule électrique. La plus simple solution de ce genre est celle se rapportant à une particule électrique sans masse gravitationnelle.

Aussi longtemps que les importantes difficultés mathématiques touchant la solution du problème à plusieurs ponts ne sont pas surmontées, rien ne peut être affirmé au sujet de l'utilité de la théorie au point de vue physique. Elle constitue néanmoins — c'est un fait certain — la première tentative d'élaborer d'une manière cohérente une théorie du champ qui offre une possibilité pour expliquer les propriétés de la matière. En faveur de cette tentative, il faut aussi ajouter qu'elle est basée sur les équations du champ relativistes les plus simples connues aujourd'hui.

RÉSUMÉ

La physique constitue un système logique de pensée qui est en état d'évolution et dont la base ne peut pas être obtenue en distillant par quelque méthode inductive les expériences vécues, mais seulement par l'invention libre. La justification (le contenu de vérité) du système repose sur la preuve de l'utilité des théorèmes qui en résultent dans le domaine des expériences sensibles, et les relations entre ces dernières et le système ne peuvent être saisies qu'intuitivement. L'évolution s'oriente vers une simplicité croissante de la base logique. De plus, pour nous rapprocher de ce but, nous devons nous décider à accepter le fait que la base logique s'éloigne de plus en plus des faits de l'expérience et que le chemin que notre pensée doit parcourir depuis les fondements jusqu'aux conséquences qui sont en corrélation avec les expériences sensibles, devient continuellement plus ardu et plus long.

Notre but a été d'esquisser, aussi brièvement que possible, le développement des concepts fondamentaux en liaison avec les faits de l'expérience et avec l'effort pour arriver à une perfection interne du système. Il était nécessaire d'éclaircir l'état de choses actuel — tel qu'il m'apparaît — grâce à ces considérations. (Il est inévitable qu'un exposé historique schématique soit empreint d'une coloration personnelle.)

J'essaie de démontrer comment les concepts d'objet matériel, d'espace, de temps subjectif et objectif, sont liés entre eux et avec la nature de l'expérience. Dans la mécanique classique les concepts d'espace et de temps sont indépendants l'un et l'autre. Le concept d'objet matériel est remplacé dans les fondements par le concept de point matériel, grâce auquel la mécanique devient fondamentalement atomistique. La lumière et l'électricité font naître des difficultés insurmontables quand on essaie de faire de la mécanique la base de toute la physique. Nous sommes ainsi conduits à la théorie du champ électrique et, ensuite, à baser la physique entièrement sur le concept de champ (après avoir tenté un compromis avec la mécanique classique). Cette tentative mène à la théorie de la relativité (sublimation des notions d'espace et de temps en un continuum avec une structure métrique).

Je m'efforce en outre de démontrer pourquoi, à

mon avis, la théorie des quanta ne paraît pas capable de fournir un fondement utile pour la physique. On tombe dans des contradictions quand on essaie de considérer la description quantique comme une description *complète* du système physique individuel ou de l'événement individuel.

D'autre part, la théorie du champ n'a pas été, jusqu'à présent, capable de donner une explication de la structure moléculaire de la matière et des phénomènes quantiques. On a cependant montré que la conviction, selon laquelle la théorie du champ est incapable de fournir par ses méthodes une solution de ces problèmes, repose sur un préjugé.

1936

LES FONDEMENTS DE LA PHYSIQUE THÉORIQUE

La science est la tentative de faire correspondre la diversité chaotique de notre expérience sensible à un système de pensée logiquement unifié. Dans ce système les expériences particulières doivent être mises en rapport avec la structure théorique de telle sorte que la coordination résultante soit unique et convaincante.

Les expériences sensibles forment la matière qui nous est donnée ; mais la théorie qui doit les interpréter est faite par l'homme. Elle est le résultat d'un processus d'adaptation extrêmement laborieux : hypothétique, jamais complètement achevée, toujours sujette à la controverse et au doute.

La manière scientifique pour former des concepts diffère de celui que nous employons dans notre vie quotidienne, non pas quant à la base, mais seulement par la définition plus précise des concepts et des conclusions, par un choix plus laborieux et plus systématique de la matière expérimentale et par une économie logique plus grande. Par cette dernière nous entendons l'effort de réduire tous les concepts et toutes les corrélations à un nombre aussi petit que possible de concepts et d'axiomes fondamentaux logiquement indépendants.

Ce que nous appelons physique comprend ce groupe de sciences de la nature qui basent leurs concepts sur des mesures, et dont les concepts et les propositions se prêtent à être formulés mathématiquement. Son domaine est, par conséquent, défini comme étant cette partie de la somme totale de nos connaissances qui est capable d'être exprimée en termes mathématiques. Avec le progrès de la science le domaine de la physique s'est tellement étendu que ses limites paraissent être celles de la méthode même.

La plus grande partie de la recherche physique est consacrée au développement des différentes branches de la physique, dont chacune a pour objet la compréhension théorique de champs d'expérience plus ou moins grands, et dans chacun desquels les lois et les concepts restent aussi étroitement que possible en rapport avec l'expérience. C'est cette branche de la science, avec sa spécialisation toujours croissante, qui a révolutionné la vie pratique dans ces derniers siècles et créé la possibilité pour l'homme d'être enfin libéré du fardeau du labeur physique.

D'un autre côté on a essayé, dès le début, de trouver une base théorique pour unifier toutes ces sciences particulières, base formée d'un minimum de concepts et de relations fondamentales, d'où tous les concepts et toutes les relations des disciplines particulières pourraient être déduits par un procédé logique. C'est ce que nous entendons par la recherche d'un fondement pour toute la physique. La conviction intime que ce but ultime pourrait être atteint est la principale source du dévouement passionné dont le chercheur a toujours été animé. C'est dans ce sens que les observations suivantes sont consacrées aux fondements de la physique.

De ce qui vient d'être dit il est clair que le mot de fondements ne signifie pas, dans cette connexion, quelque chose qui est, sous tous les rapports, analogue aux fondements d'un édifice. Certes, au point de vue logique, les différentes lois particulières de la physique reposent sur ce fondement. Mais, tandis qu'un édifice peut être sérieusement endommagé par une violente tempête ou par une forte marée et garder néanmoins ses fondements intacts, il en est tout autrement en science. Ici, de nouvelles expériences ou une nouvelle connaissance constituent un plus grand danger pour le fondement logique que pour les disciplines particulières qui sont en contact plus étroit avec l'expérience. C'est dans les rapports entre le fondement et toutes les parties particulières que réside sa grande importance, mais aussi son plus grand danger en face d'un nouveau facteur. Quand on s'en rend compte on se demande pourquoi les soi-disant époques révolutionnaires de la science physique n'ont pas plus souvent et plus complètement changé ses fondements qu'il n'en a été réellement le cas.

La première tentative en vue de poser un fondement théorique unifié est représentée par l'œuvre de Newton. Dans son système tout est ramené aux concepts suivants : (1) Des points matériels dont la masse est invariable ; (2) action à distance entre deux points matériels ; (3) loi du mouvement pour le point matériel. Il n'y avait pas, rigoureusement parlant, de fondement embrassant tout, parce qu'une loi explicite n'y était formulée que pour les actions à distance de la gravitation, tandis que pour d'autres actions à distance rien n'était établi *a priori*, excepté la loi de l'égalité de l'action et de la réaction. De plus, Newton se rendait parfaitement compte que le temps et l'espace étaient des éléments essentiels, en tant que facteurs physiques en fait, de son système, quoique seulement d'une manière implicite.

Cette base newtonienne se révéla éminemment féconde et fut regardée comme définitive jusqu'à la fin du XIXᵉ siècle. Non seulement elle permit d'expliquer les mouvements des corps célestes dans leurs plus infimes détails, mais elle fournit aussi une théorie de la mécanique des masses discrètes et des milieux continus, une explication simple du principe de la conservation de l'énergie et une théorie complète et brillante de la chaleur. L'explication des faits de l'électrodynamique était moins naturelle ; la moins convaincante était, dès le début, la théorie de la lumière.

Il n'est pas surprenant que Newton n'ait rien voulu entendre d'une théorie ondulatoire de la lumière, car une telle théorie était très peu appropriée à son fondement théorique. La supposition que l'espace était rempli d'un milieu constitué de points matériels, qui propageaient des ondes lumineuses sans manifester d'autres propriétés mécaniques, devait lui paraître tout à fait artificielle. Les plus forts arguments empiriques en faveur de la nature ondulatoire de la lumière, comme la vitesse déterminée de la propagation, les interférences, la diffraction, la polarisation, étaient ou bien inconnus ou bien n'étaient pas connus en une synthèse bien ordonnée. On comprend qu'il soit resté attaché à la théorie corpusculaire de la lumière.

Pendant le XIXe siècle la discussion se termina en faveur de la théorie ondulatoire. Mais aucun doute ne se manifesta au sujet des bases mécaniques de la physique, en premier lieu parce que personne ne savait où trouver des bases d'un autre type. Ce n'est que lentement, sous la pression irrésistible des faits, qu'une nouvelle base de la physique se développa, la physique du champ.

Depuis le temps de Newton, la théorie de l'action à distance fut toujours regardée comme artificielle. Les efforts ne manquèrent pas pour expliquer la gravitation par une théorie cinétique, c'est-à-dire en se basant sur des forces de collision de particules matérielles hypothétiques. Mais ces tentatives étaient superficielles et n'aboutirent à rien. Le rôle étrange joué par l'espace (ou le système d'inertie) dans les fondements de la mécanique fut aussi clairement reconnu et critiqué d'une façon particulièrement lumineuse par Ernst Mach.

Le grand changement fut opéré par Faraday, Maxwell et Hertz — à vrai dire d'une façon quelque peu inconsciente et contre leur volonté. Tous les trois, tout au long de leur vie, se considérèrent comme adhérents de la théorie mécanique. Hertz avait trouvé la forme la plus simple des équations du champ électromagnétique et déclara que toute théorie conduisant à ces équations était une théorie du même genre que celle de Maxwell. Mais vers la fin de sa courte existence il composa un écrit où il présentait comme fondement de la physique une théorie mécanique affranchie du concept de force.

Pour nous, qui avons pour ainsi dire sucé les idées de Faraday avec le lait de notre mère, il est difficile d'apprécier leur grandeur et leur audace. Faraday, avec son instinct sûr, a dû comprendre combien sont artificielles toutes les tentatives de rattacher les phénomènes électromagnétiques aux actions à distance entre particules électriques réagissant l'une sur l'autre. Comment dans la limaille de fer répandue sur une feuille de papier chaque grain pouvait-il connaître les particules électriques circulant dans un conducteur placé tout près ? Toutes ces particules électriques ensemble paraissaient créer dans l'espace environnant un état qui, à son tour, produisait un certain ordre dans la limaille. Ces états de l'espace, appelés aujourd'hui champs, une fois qu'on aura bien compris leur structure géométrique et la manière dont ils agissent solidairement, pourraient, pensa-t-il, expliquer les mystérieuses interactions électromagnétiques. Il concevait ces champs comme des états de tension mécanique dans un milieu qui remplit l'espace, pareils aux états de tension dans un corps élastiquement distendu. Car en ce temps c'était la seule façon dont on pouvait concevoir des états qui étaient apparemment distribués d'une manière continue dans l'espace. Le caractère particulier de l'interprétation mécanique de ces champs resta à l'arrière-plan — une sorte d'apaisement de la conscience scientifique en face de la tradition mécanique du temps de Faraday. A l'aide de ces nouveaux concepts du champ Faraday réussit à former une conception qualitative de tout le complexe d'effets électromagnétiques découverts par lui et ses prédécesseurs. L'énoncé précis des lois de ces champs dans l'espace-temps fut l'œuvre de Maxwell. Représentons-nous les sentiments qu'il a dû éprouver quand les équations différentielles qu'il avait formulées lui prouvèrent que les champs électromagnétiques se propagent sous la forme d'ondes polarisées et avec la vitesse de la lumière ! Il fut donné a peu d'hommes au monde de faire une telle expérience. A ce moment émouvant il ne soupçonnait sûrement pas que la nature énigmatique de la lumière, en apparence si complètement éclaircie, continuerait à déconcerter les générations suivantes. En attendant, les physiciens mirent quelques décades pour saisir la pleine signification de la découverte de Maxwell, tellement fut audacieux le bond en avant que son génie marqua sur les conceptions de ses contemporains. C'est seulement après que Hertz eut démontré expérimentalement l'existence des ondes électromagnétiques de Maxwell que la résistance à la nouvelle théorie fut vaincue.

Mais si le champ électromagnétique pouvait exister comme une onde indépendante de la source matérielle, alors l'interaction électrostatique ne pouvait plus être expliquée comme action à distance. Et ce qui était vrai pour l'action électrique ne peut pas ne pas l'être pour la gravitation. Partout les actions à distance de Newton cédèrent la place aux champs se propageant avec une vitesse finie.

Des fondements de Newton ne restèrent maintenant que les points matériels soumis à la loi du mouvement. Mais J.-J. Thomson montra qu'un corps en mouvement chargé d'électricité doit, conformément à la théorie de Maxwell, posséder un champ magnétique dont l'énergie agissait précisément comme le fait un accroissement d'énergie cinétique du corps. Si, donc, une partie de l'énergie cinétique est constituée d'énergie de champ, ceci ne pourrait-il pas être vrai de toute l'énergie cinétique ? Peut-être la propriété fondamentale de la matière, son inertie, pourrait-elle être expliquée à l'aide de la théorie du champ ! La question conduisit au problème d'une interprétation de la matière en termes de la théorie du champ, dont la solution fournirait une explication de la structure atomique de la matière. On se rendit bientôt compte que la théorie de Maxwell ne pouvait pas réaliser un tel programme. Depuis lors plusieurs savants ont cherché avec ardeur à compléter la théorie du champ par quelque généralisation qui comprendrait une théorie de la matière ; mais jusqu'ici de tels efforts n'ont pas été couronnés de succès. Pour construire une théorie, il ne suffit pas d'avoir une claire conception du but. Il faut aussi avoir un point de vue formel qui permette de restreindre suffisamment la variété illimitée des possibilités. Jusqu'à présent on ne l'a pas trouvé ; par conséquent, la théorie du champ n'a pas réussi à fournir une base à toute la physique.

Pendant plusieurs décades la plupart des physiciens eurent la conviction qu'une substructure mécanique pourrait être trouvée pour la théorie de Maxwell. Mais les résultats peu satisfaisants de leurs efforts firent qu'on accepta graduellement les nouveaux concepts du champ comme des principes fondamentaux irréductibles — en d'autres termes, les physiciens se résignèrent à abandonner l'idée d'une base mécanique.

Les physiciens s'en tinrent ainsi au programme d'une théorie du champ. Mais celle-ci ne pouvait pas être considérée comme une base, puisque personne ne pouvait dire si une théorie cohérente du champ pourrait jamais expliquer, d'une part, la gravitation et, d'autre part, les composants élémentaires de la matière. Dans cet état de choses il était nécessaire de considérer les particules matérielles comme des masses ponctuelles soumises aux lois du mouvement de Newton. C'est ainsi que procéda Lorentz en créant sa théorie des électrons et la théorie des phénomènes électromagnétiques des corps en mouvement.

Voilà où en étaient les conceptions fondamentales au commencement de ce siècle. Un immense progrès avait été réalisé dans l'intelligence théorique de groupes entiers de nouveaux phénomènes, mais l'établissement d'une base unifiée pour la physique semblait, en vérité, loin. Et cet état de choses fut même aggravé par les développements qui suivirent. Le développement pendant notre siècle est caractérisé par deux systèmes théoriques essentiellement indépendants l'un de l'autre : la théorie de la relativité et la théorie des quanta. Les deux systèmes ne se contredisent pas directement l'un l'autre, mais ils semblent peu appropriés à fusionner en une théorie unique. Nous devons brièvement discuter l'idée fondamentale de ces deux systèmes.

La théorie de la relativité naquit des efforts en vue d'améliorer, quant à l'économie logique, les fondements de la physique tels qu'ils existaient au commencement de ce siècle. La théorie de la relativité appelée restreinte est basée sur le fait que les équations de Maxwell (et, ainsi, la loi de la propagation de la lumière dans le vide) sont transformées en équations de la même forme quand elles subissent une transformation de Lorentz. Cette propriété formelle des équations de Maxwell est complétée par notre connaissance empirique assez bien assurée du fait que les lois de la physique sont les mêmes relativement à tous les systèmes d'inertie. Ceci conduit au résultat que la transformation de Lorentz — appliquée aux coordonnées d'espace-temps — doit gouverner le passage d'un système d'inertie à un autre. Le contenu de la théorie de la relativité restreinte peut, par conséquent, être résumé en une seule proposition : toutes les lois de la nature doivent satisfaire à la condition d'être covariantes relativement aux transformations de Lorentz. De là il suit que la simultanéité de deux événements distants n'est pas un concept invariant et que les dimensions des corps rigides et la vitesse des horloges dépendent de leur état de mouvement. Une autre conséquence était la modification de la loi du mouvement de Newton dans les cas où la vitesse d'un corps donné n'était pas petite comparée à la vitesse de la lumière. De là découlait en outre le principe de l'équivalence de la masse et de l'énergie, et les lois de la conservation de la masse et de l'énergie se fondirent en une seule loi. Une fois qu'il fut prouvé que la simultanéité était relative et dépendait du système de référence, toute possibilité de maintenir les actions à distance dans les fondements de la physique disparut, étant donné que ce concept présupposait le caractère absolu de la simultanéité (il doit être possible de constater la position des deux points matériels agissant l'un sur l'autre « au même moment »).

La théorie de la relativité générale doit son origine à la tentative d'expliquer un fait connu depuis le temps de Galilée et de Newton, mais qui se dérobait à toute interprétation théorique : l'inertie et le poids d'un corps, en eux-mêmes deux choses entièrement distinctes, sont mesurés par une seule et même constante, la masse. De cette correspondance il s'ensuit qu'il est impossible de découvrir par l'expérience, si un système donné de coordonnées est accéléré, ou si son mouvement est rectiligne et uniforme et qu'alors les effets observés sont dus à un champ de gravitation (ceci est le principe d'équivalence de la théorie de la relativité générale). Les concepts du système d'inertie sont mis en pièces dès qu'on introduit la gravitation. Il convient de faire remarquer ici que le système d'inertie est un point faible de la mécanique de Galilée et de Newton. Car il y est présupposée une propriété mystérieuse de l'espace physique, déterminant le type de systèmes de coordonnées pour lesquels la loi de l'inertie et la loi du mouvement de Newton sont vraies.

Ces difficultés peuvent être évitées grâce au postulat suivant : les lois de la nature doivent être formulées de telle sorte que leur forme reste identique pour des systèmes de coordonnées dans n'importe quel type d'états de mouvement. C'est en cela que consiste la tâche de la théorie de la relativité générale. D'autre part, nous déduisons de la théorie de la relativité restreinte l'existence d'une métrique Riemannienne dans le continuum d'espace-temps, qui, conformément au principe de l'équivalence, décrit et le champ gravifique et les propriétés métriques de l'espace. En supposant que les équations du champ de gravitation sont des équations différentielles du second ordre, la loi du champ est clairement déterminée.

A côté de ce résultat, la théorie libère la physique du champ de l'incapacité dont elle souffrait, en commun avec la mécanique newtonienne, d'attribuer à l'espace ces propriétés physiques indépendantes qui, autrefois, avaient été cachées par l'emploi d'un système d'inertie. Mais on ne saurait prétendre que les parties de la relativité générale qui peuvent aujourd'hui être considérées comme achevées aient doté la physique de fondements complets et satisfaisants. En premier lieu, le champ total y paraît être composé de deux parties qui sont sans lien logique : la gravitation et l'électromagnétisme. En second lieu, la théorie, semblable aux théories du champ plus anciennes, n'a pas jusqu'à présent fourni une explication de la structure atomique de la matière.

Cet insuccès est probablement en connexion avec le fait qu'elle n'a jusqu'à présent contribué en rien à l'intelligence des phénomènes quantiques. Pour rendre compte de ces phénomènes, les physiciens ont été forcés d'adopter des méthodes entièrement nouvelles, dont nous allons maintenant discuter la caractéristique fondamentale.

En l'année 1900, au cours d'une recherche purement théorique, Max Planck fit une découverte tout à fait remarquable : la loi du rayonnement des corps en fonction de la température ne pouvait pas être déduite uniquement des lois de l'électrodynamique de Maxwell. Pour arriver à des résultats qui soient en harmonie avec les expériences en question, le rayonnement à une fréquence donnée devait être traité comme s'il était composé d'atomes d'énergie individuelle $h\nu$, où h est la constante universelle de Planck et ν la fréquence. Dans les années suivantes il fut prouvé que la lumière était partout émise et absorbée ainsi, par quanta d'énergie. Niels Bohr, en particulier, arriva ainsi à comprendre en grande partie la structure de l'atome en supposant que les atomes peuvent avoir seulement des valeurs d'énergie discrètes et que les passages discontinus de l'une à l'autre sont liés à l'émission ou à l'absorption d'un tel quantum d'énergie. Ceci jeta quelque lumière sur le fait que, dans leur état gazeux, les éléments et leurs composés rayonnent et absorbent la lumière à certaines fréquences nettement définies. Tout cela était absolument inexplicable dans le cadre des théories existant jusque-là. Il était clair que, du moins dans le domaine des phénomènes atomiques, le caractère de tout ce qui s'y passe est déterminé par des états discrets et par des passages apparemment discontinus entre eux, la constante *h* de Planck jouant un rôle décisif.

Le pas suivant fut fait par de Broglie. Il se demanda comment on pouvait, à l'aide des concepts courants, comprendre les états discrets et il devina une ressemblance avec les ondes stationnaires, comme c'est le cas, par exemple, des fréquences propres des tuyaux d'orgues et des cordes en acoustique. Certes, des actions ondulatoires comme celles exigées ici étaient inconnues, mais elles pouvaient être construites et leurs lois mathématiques formulées en employant la constante *h* de Planck. De Broglie conçut un électron tournant autour du noyau atomique comme étant lié à un tel train d'ondes hypothétiques et rendit, jusqu'à un certain degré, intelligible le caractère discret des chemins «permis » de Bohr grâce au caractère stationnaire des ondes correspondantes.

Or, en mécanique le mouvement de points matériels est déterminé par les forces ou les champs de force qui agissent sur eux. D'où il fallait s'attendre à ce que ces champs de force exerçassent aussi, d'une manière analogue, une influence sur les champs d'ondes de de Broglie. Erwin Schrödinger montra comment on pouvait tenir compte de cette influence, en réinterprétant par une méthode ingénieuse certaines formulations de la mécanique classique. Il réussit même à étendre la théorie de la mécanique ondulatoire à un point où, sans l'introduction d'aucune hypothèse nouvelle, elle devenait applicable à tout système mécanique composé d'un nombre arbitraire de points matériels, c'est-à-dire qui possède un nombre arbitraire de degrés de liberté. Ceci était possible, parce qu'un système mécanique composé de *n* points matériels est mathématiquement équivalent, dans une très large mesure, à un seul point matériel se mouvant dans un espace à 3 *n* dimensions.

Sur la base de cette théorie on a obtenu une représentation étonnamment bonne d'une immense variété de faits, qui paraissaient autrement tout à fait incompréhensibles. Mais, chose assez curieuse, il y avait un insuccès : il était impossible d'associer à ces ondes de Schrödinger des mouvements définis de points matériels — et c'est cela, après tout, qui avait été le dessein originel de toute la construction.

La difficulté paraissait insurmontable jusqu'à ce qu'elle ait été vaincue par Born d'une manière aussi simple qu'inattendue. Les champs d'ondes de de Broglie-Schrödinger ne devaient pas être interprétés comme une description mathématique de la façon dont un événement a réellement lieu dans le temps et dans l'espace, bien que, en réalité, ils se rapportent à un tel événement. Ils sont plutôt une description mathématique de ce que nous pouvons réellement savoir sur le système. Ils servent seulement à présenter des énoncés statistiques et des prédictions concernant les résultats de toutes les mesures que nous pouvons effectuer sur le système.

Nous allons illustrer ces traits généraux de la mécanique quantique par un exemple simple : considérons un point matériel maintenu dans une région limitée G par des forces d'intensité finie. Si l'énergie cinétique du point matériel est au-dessous d'une certaine limite, il ne pourra, conformément à la mécanique classique, jamais quitter la région G. Mais, d'après la mécanique quantique, le point matériel, après une période non immédiatement prévisible, est capable de quitter la région G dans une direction imprévisible et de s'échapper dans l'espace environnant. Ce cas est, selon Gamow, un modèle simplifié de la désintégration radioactive.

Le traitement de ce cas par la théorie des quanta est le suivant : au moment t_0 nous avons un système d'ondes de Schrödinger entièrement à l'intérieur de G. Mais à partir de l'instant t_0 les ondes quittent l'intérieur de G dans toutes les directions, de telle sorte que l'amplitude de l'onde sortante est petite comparée à l'amplitude initiale du système d'ondes à l'intérieur de G. Plus ces ondes extérieures se propagent loin, plus l'amplitude des ondes à l'intérieur de G diminue et également l'intensité des ondes qui sortent de G. C'est seulement après un temps infini que la provision d'ondes à l'intérieur de G est épuisée, tandis que l'onde extérieure s'est de plus en plus étendue sur un domaine qui s'agrandit continuellement.

Mais ce processus ondulatoire, qu'a-t-il à faire avec l'objet qui nous a intéressé tout d'abord, la particule originellement enfermée en G ? Pour répondre à cette question, nous devons imaginer quelque arrangement nous permettant d'effectuer des mesures sur la particule. Imaginons, par exemple, quelque part dans l'espace environnant un écran fait de telle sorte que la particule s'y fixe quand elle entre en contact avec lui. De l'intensité des ondes qui frappent l'écran en quelque point nous tirons alors des conclusions quant à la probabilité que la particule frappera l'écran en ce point à ce moment. Aussitôt que la particule a frappé quelque point particulier de l'écran, tout le champ d'ondes perd toute sa signification physique ; son seul but était de faire des prédictions de probabilité quant au lieu et au moment où la particule frappe l'écran (ou, par exemple, quant à sa quantité de mouvement au moment où elle frappe l'écran).

Tous les autres cas sont analogues. Le but de la théorie est de déterminer la probabilité des résultats des mesures sur un système à un moment donné. D'autre part, elle n'essaie pas de donner une représentation mathématique de ce qui est réellement présent, ou de ce qui se passe dans l'espace et dans le temps. Sur ce point la théorie des quanta d'aujourd'hui diffère fondamentalement de toutes les théories physiques précédentes, des théories mécanistes aussi bien que des théories du champ. Au lieu de fournir un modèle de description des événements réels dans l'espace-temps, elle fournit les distributions de probabilité des mesures possibles en fonction du temps.

Il faut reconnaître que la nouvelle conception théorique ne doit pas son origine à un essor de l'imagination, mais à la force irrésistible des faits expérimentaux. Toutes les tentatives pour représenter la particule et les caractères ondulatoires, qui se manifestent dans les phénomènes de la lumière et de la matière, directement par un modèle d'espace-temps se sont terminées jusqu'à présent par un échec. Comme l'a montré d'une manière convaincante Heisenberg, du point de vue empirique, toute décision relative à une structure rigoureusement déterministe de la nature est définitivement exclue, à cause de la structure atomique de nos appareils d'expérience. Il n'est donc guère probable qu'une connaissance future puisse contraindre la physique à abandonner les fondements théoriques actuels, de nature statistique, en faveur de fondements déterministes, qui s'occuperaient directement de la réalité physique. Logiquement le problème paraît offrir deux possibilités, entre lesquelles nous pouvons, en principe, choisir. Finalement, le choix sera déterminé par le type de description qui, logiquement parlant, permet de formuler les fondements les plus simples. A présent, nous ne possédons pas de théorie déterministe nous permettant de décrire directement les événements eux-mêmes et qui soit en harmonie avec les faits.

Pour le moment nous devons admettre que nous ne possédons pas de base théorique générale pour la physique qui puisse être regardée comme son fondement logique. La théorie du champ a jusqu'ici échoué dans la sphère moléculaire. Il est reconnu de tous côtés que le seul principe qui pourrait servir de base à la théorie des quanta serait celui qui constituerait une traduction de la théorie du champ dans le schéma de la statistique quantique. Que ceci puisse réellement se produire d'une manière satisfaisante, personne n'oserait le dire.

Certains physiciens, parmi lesquels je me trouve moi-même, ne peuvent pas croire que nous devions abandonner, réellement et pour toujours, l'idée d'une représentation directe de la réalité physique dans l'espace et dans le temps, ou que nous devions accepter l'opinion que les événements dans la nature ressemblent à un jeu de hasard. Il est permis à chacun de choisir la direction de ses efforts, et tout homme peut tirer consolation de la belle maxime de Lessing que la recherche de la vérité est plus précieuse que sa possession.

1940

LE LANGAGE COMMUN DE LA SCIENCE

La première étape dans la constitution du langage consistait à lier des signes, communicables par voie auditive ou autre, aux impressions sensibles. Il est très probable que tous les animaux vivant en société sont arrivés à ce genre primitif de communication — au moins jusqu'à un certain point. Un stade de développement plus élevé est atteint quand d'autres signes sont introduits et compris, qui établissent des relations entre les signes qui désignent des impressions sensibles. A ce stade il est déjà possible de rapporter des séries d'impressions un peu complexes ; nous pouvons dire alors que le langage a pris naissance. Pour que le langage mène à la compréhension, il faut qu'il y ait, d'une part, des règles concernant les relations entre les signes et, d'autre part, une correspondance stable entre les signes et les impressions. Dans leur enfance, les individus qui sont liés par le même langage saisissent ces règles et ces relations principalement par l'intuition. Quand l'homme devient conscient des règles concernant les relations entre les signes, ce qu'on appelle la grammaire de la langue est créée.

A un stade peu évolué les mots peuvent correspondre directement aux impressions. Mais à un stade plus avancé cette connexion directe disparaît, en ce sens que certains mots n'expriment des relations avec les perceptions que s'ils sont employés en connexion avec d'autres mots (comme, par exemple, « est », « ou », « chose »). Ce sont alors des groupes de mots plutôt que des mots isolés qui se rapportent aux perceptions. Quand le langage devient ainsi en partie indépendant de l'arrière-plan des impressions il acquiert une cohésion interne plus grande.

C'est seulement à ce stade de développement plus avancé, où un emploi plus fréquent est fait des concepts abstraits, que le langage devient un instrument de raisonnement dans le véritable sens du mot. Mais c'est aussi par ce développement que le langage devient une source dangereuse d'erreurs et de tromperies. Tout dépend du degré auquel les mots et les combinaisons de mots dépendent du monde des impressions.

Qu'est-ce qui produit une telle liaison intime entre le langage et la pensée ? N'y a-t-il pas de pensée sans l'emploi du langage, notamment dans les concepts et les combinaisons de concepts, pour lesquels il n'est pas nécessaire que les mots se présentent à l'esprit ? Chacun de nous n'a-t-il pas eu à lutter pour trouver des mots, bien que la liaison entre les « choses » ait déjà été claire ?

Nous pourrions être disposés à attribuer à l'acte de penser une complète indépendance du langage, si l'individu formait ou était capable de former ses concepts sans se servir des mots de son entourage. Il est pourtant extrêmement vraisemblable que la structure mentale d'un individu, grandi dans de telles conditions, serait bien pauvre. Nous pouvons ainsi conclure que le développement mental d'un individu et sa façon de former des concepts dépendent à un haut degré du langage. Ceci nous fait comprendre jusqu'à quel point le même langage signifie la même mentalité. En ce sens, la pensée et le langage sont liés ensemble.

Qu'est-ce qui distingue le langage de la science du langage au sens ordinaire ? Ce que la science cherche à atteindre, c'est une extrême finesse et une extrême clarté dans les concepts, quant à leur rapport mutuel et quant à leur correspondance avec les données sensorielles. Prenons comme illustration le langage de la géométrie d'Euclide et l'algèbre. Elles opèrent avec un petit nombre de concepts, qui sont indépendants l'un de l'autre, respectivement de symboles, tels que le nombre entier, la ligne droite, le point, ainsi qu'avec des signes indiquant les opérations fondamentales, c'est-à-dire les connexions entre ces concepts fondamentaux. C'est là la base pour la construction, respectivement pour la définition, de tous les autres énoncés et concepts. La liaison entre les concepts et les énoncés, d'une part, et les données sensorielles, d'autre part, est établie au moyen du calcul et de la mesure, dont l'exécution est suffisamment bien déterminée.

Le caractère supranational des concepts et du langage scientifiques est dû au fait qu'ils ont été formés par les meilleurs cerveaux de tous les pays et de tous les temps. Dans la solitude et, pourtant, en coopération en ce qui concerne le résultat final, ils ont créé les instruments spirituels pour les révolutions techniques, qui ont transformé la vie de l'humanité dans ces dernièrs siècles. Leur système de concepts a servi de guide dans le chaos déconcertant des perceptions, de sorte que nous avons appris à tirer des vérités générales d'observations particulières.

Quelles espérances et quelles craintes la méthode scientifique implique-t-elle pour l'humanité ? Je ne pense pas que cette façon de poser la question soit correcte. Ce que cet instrument dans la main de l'homme pourra produire dépend entièrement de la nature des buts qui animent cette humanité. Une fois que ces buts existent, la méthode scientifique fournit les moyens de les atteindre. Mais elle ne peut fournir les buts mêmes. La méthode scientifique n'aurait mené nulle part, elle ne serait même pas née sans un effort passionné pour arriver à une claire intelligence des choses.

La perfection des moyens et la confusion des buts me paraissent caractériser le temps présent. Si nous désirons sincèrement et passionnément le salut, le bien-être et le libre développement des talents de tous les hommes, nous ne manquerons pas de moyens pour nous rapprocher d'un tel état. Même si une petite partie seulement de l'humanité fait effort pour atteindre ces buts, leur supériorité deviendra à la longue manifeste.

1941

$E = MC^2$

Pour comprendre la loi de l'équivalence de la masse et de l'énergie, nous devons rappeler les deux principes de conservation ou de « bilan » qui ont occupé, chacun à part, un rang élevé dans la physique prérelativiste. Ces deux principes étaient le principe de la conservation de l'énergie et celui de la conservation de la masse. Le premier, énoncé par Leibniz au XVIIe siècle, a été développé au XIXe siècle essentiellement comme un corollaire à un principe de mécanique.

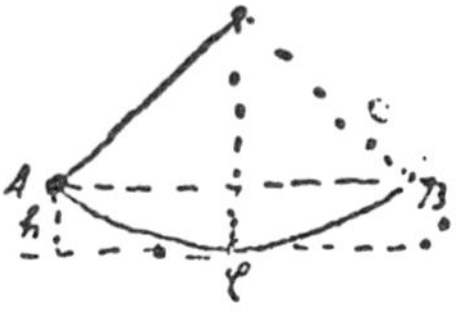

Dessin reproduit d'après le manuscrit de M. Einstein.

Considérons, par exemple, un pendule dont la masse oscille entre les points A et B. En ces points la masse *m* est surélevée de la hauteur *h* au-dessus de C, qui est le point le plus bas du chemin. En C, au contraire, la surélévation est zéro et la masse est maintenant animée d'une vitesse v. C'est comme si la hauteur pouvait être entièrement convertie en vitesse, et inversement. La relation exacte est exprimée par $mgh = \frac{m}{2} v^2$, où g représente l'accélération de la pesanteur. Ce qui est ici intéressant, c'est que cette relation est indépendante de la longueur du pendule et de la forme du chemin que la masse parcourt.

Cela signifie qu'il y a quelque chose qui reste constant dans tout le processus, et ce quelque chose est de l'énergie. En A et en B c'est de l'énergie de position ou de l'énergie « potentielle », en C c'est de l'énergie de mouvement ou de l'énergie « cinétique ». Si ce concept est correct, la somme $mgh + m \frac{v^2}{2}$ doit avoir la même valeur pour n'importe quelle position du pendule, s'il est entendu que h représente la hauteur au-dessus de C et v la vitesse en ce point du chemin que parcourt le pendule. Tel est réellement le cas. La généralisation de ce principe nous donne la loi de la conservation de l'énergie mécanique. Mais qu'arrive-t-il quand le pendule est arrêté par le frottement ?

La réponse à cette question est fournie par l'étude des phénomènes calorifiques. Cette étude, basée sur la supposition que la chaleur est une substance indestructible qui s'écoule du chaud vers le froid, semblait nous donner un principe de la « conservation de la chaleur ». D'autre part, depuis des temps immémoriaux, on savait que la chaleur peut être produite par le frottement, comme les Indiens font du feu en se servant de forets. Les physiciens furent pendant longtemps incapables d'expliquer ce type de production de chaleur. Ils triomphèrent de ces difficultés seulement quand il fut établi que pour produire une certaine quantité de chaleur par frottement, il fallait dépenser une quantité rigoureusement proportionnelle d'énergie. C'est de cette façon que fut obtenu le principe de « l'équivalence du travail et de la chaleur ». Dans le cas de notre pendule, par exemple, de l'énergie mécanique est graduellement convertie par le frottement en chaleur.

De cette façon, les principes de la conservation de l'énergie mécanique et de l'énergie thermique furent fondus en un seul principe. Là-dessus, les physiciens étaient persuadés que le principe de conservation pouvait être étendu de façon à englober les processus chimiques et électromagnétiques — bref, il pouvait être appliqué à tous les domaines. Il devint manifeste que dans notre système physique la somme totale des énergies reste constante à travers tous les changements qui puissent se produire.

Examinons maintenant le principe de la conservation de la masse. La masse est définie par la résistance qu'un corps oppose à son accélération (masse inerte). Elle est aussi définie par le poids du corps (masse pesante). Que ces deux définitions radicalement différentes conduisent à la même valeur de la masse d'un corps, est en soi un fait étonnant. Conformément au principe que les masses restent quantitativement invariables dans tous les changements physiques ou chimiques, la masse paraissait être la propriété essentielle de la matière (parce qu'elle était invariable). Ni l'échauffement, ni la fusion, ni la vaporisation, ni la combinaison en composés chimiques ne pourraient changer la masse totale.

Les physiciens ont accepté ce principe jusqu'à il y a quelques décades. Mais il se montra inadéquat en présence de la théorie de la relativité restreinte. C'est pourquoi il fut fondu dans le principe de l'énergie, exactement comme, il y a soixante ans, le principe de la conservation de l'énergie mécanique a été combiné avec celui de la conservation de la chaleur. On peut dire que le principe de la conservation de l'énergie, après avoir absorbé celui de la conservation de la chaleur, a fini par absorber celui de la conservation de la masse et occupe seul le terrain.

Il est d'usage d'exprimer l'équivalence de la masse et de l'énergie (bien que d'une façon quelque peu inexacte) par la formule $E = mc^2$, où c représente la vitesse de la lumière, environ 300 000 km par seconde. E est l'énergie contenue dans un corps au repos, m est sa masse. L'énergie qui appartient à la masse m est égale à cette masse, multipliée par le carré de l'énorme vitesse de la lumière, ce qui veut dire, une somme énorme d'énergie pour chaque unité de masse.

Mais si chaque gramme de matière contient cette énergie prodigieuse, comment se fait-il qu'elle n'ait pas été remarquée pendant si longtemps ? La réponse est toute simple : tant que l'énergie n'est pas émise extérieurement, elle ne peut pas être observée. C'est comme un homme fabuleusement riche qui ne dépense ni ne donne jamais rien ; personne ne pourrait savoir combien il est riche.

Maintenant, nous pouvons renverser la relation et dire qu'un accroissement de E dans la quantité d'énergie doit être accompagné d'un accroissement de $\frac{E}{c^2}$ dans la masse. Je puis facilement fournir de l'énergie à la masse, par exemple en la chauffant de 10 degrés. Pourquoi alors ne pas mesurer l'accroissement de la masse ou l'accroissement du poids en rapport avec ce changement ? L'ennuyeux ici est que dans l'accroissement de la masse le facteur énorme c^2 figure comme dénominateur de la fraction. Dans un tel cas, l'accroissement est trop petit pour pouvoir être mesuré directement, même en employant la balance la plus sensible.

Pour que l'accroissement d'une masse soit mesurable, il faut que le changement d'énergie par unité de masse soit énormément grand. Nous ne connaissons qu'un domaine où de telles quantités d'énergie par unité de masse soient libérées, c'est la désintégration radioactive. Schématiquement, le processus se déroule de la façon suivante : Un atome de masse M se divise en deux atomes de masse M' et M'', qui se séparent avec une énergie cinétique énorme. Si nous imaginons ces deux masses immobilisées, c'est-à-dire si nous leur enlevons cette énergie de mouvement, alors elles seront, prises ensemble, essentiellement plus pauvres en énergie que l'atome originel. Conformément au principe d'équivalence, la somme des masses $M' + M''$, produite par la désintégration, doit aussi être un peu plus petite que la masse originelle M de l'atome, ce qui contredit le vieux principe de la conservation de la masse. La différence relative des deux valeurs est de l'ordre de 1/10 pour cent.

Or, nous ne pouvons pas en réalité peser les atomes individuellement. Il existe cependant des méthodes indirectes pour déterminer leurs poids avec exactitude. Nous pouvons également déterminer les énergies cinétiques qui sont transmises aux produits de la désintégration M' et M''. Il est ainsi devenu possible d'éprouver et de confirmer la formule d'équivalence. La loi nous permet aussi de calculer d'avance, d'après les poids atomiques déterminés avec précision, combien d'énergie sera libérée par la désintégration atomique à laquelle nous pensons. La loi ne nous dit naturellement pas si, ou comment, la réaction de désintégration peut être provoquée.

Ce qui se passe peut être illustré par l'exemple de notre richard. L'atome est le riche avare qui, pendant sa vie, ne dépense point d'argent (énergie). Mais dans son testament il lègue sa fortune à ses deux fils M′ et M″, sous la condition qu'ils donnent une petite somme à la communauté, moins d'un millième de toute sa fortune *(énergie ou masse)*. La fortune des deux fils est un peu moindre que celle qu'avait possédée le père *(la somme des masses M′ + M″ est un peu plus petite que la masse M de l'atome radioactif)*. Mais la part donnée à la communauté, bien que relativement petite, est encore tellement énorme *(considérée comme énergie cinétique)* qu'elle porte en elle une grande menace de malheur. Détourner cette menace est devenu le problème le plus urgent de notre temps.

1946

UNE DÉMONSTRATION ÉLÉMENTAIRE DE L'ÉQUIVALENCE DE LA MASSE ET DE L'ÉNERGIE

La démonstration suivante de la loi de l'équivalence présente deux avantages. Bien qu'elle fasse usage du principe de relativité restreinte, elle ne suppose pas l'appareil formel de la théorie, mais emploie seulement trois lois antérieurement connues :

(1) La loi de la conservation de la quantité de mouvement.

(2) L'expression de la pression de radiation, c'est-à-dire la quantité de mouvement d'un complexe de radiation se déplaçant dans une direction déterminée.

(3) L'expression bien connue de l'aberration de la lumière (influence du mouvement de la Terre sur la position apparente des étoiles fixes. Bradley).

Considérons maintenant le système suivant (Fig. 1) : Supposons le corps B au repos dans l'espace relativement au système K_0. Deux complexes de radiation S, S', possédant chacun l'énergie $\frac{E}{2}$, se meuvent respectivement dans la

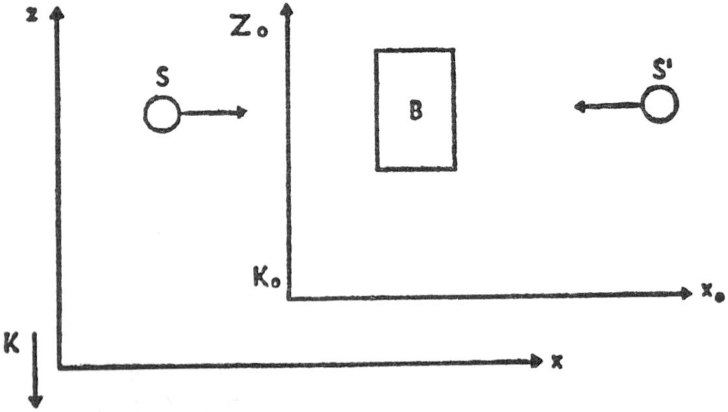

direction positive et négative de X_0 et sont ensuite absorbés par B. Par cette absorption l'énergie de B est augmentée de E. Le corps B reste au repos relativement à K_0 par raison de symétrie (Fig. 2).

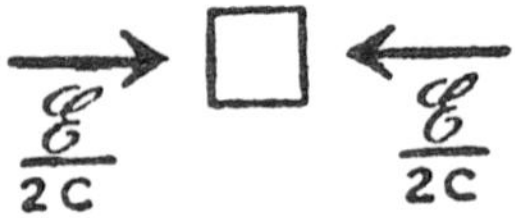

Considérons maintenant le même processus relativement au système K, qui se meut relativement à K_0 avec la vitesse constante v dans la direction négative Z_0. Relativement à K la description du processus est la suivante : Le corps B se meut dans la direction positive Z (Fig. 3) avec la vitesse v. Les deux complexes de radiation ont

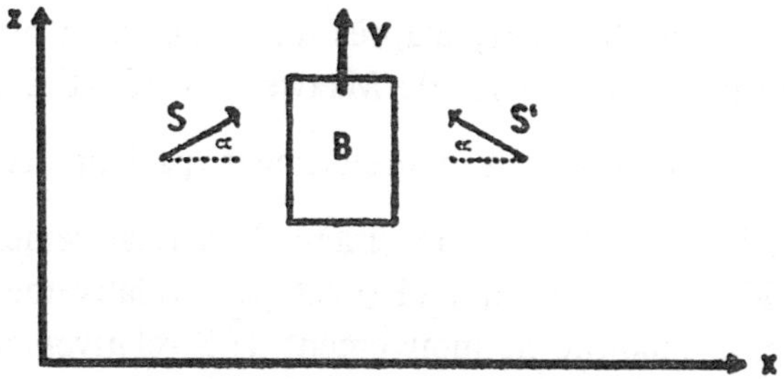

maintenant des directions relativement à K qui forment avec l'axe X l'angle α. La loi de l'aberration affirme qu'en première approximation $\alpha = \frac{v}{c}$, où c est la vitesse de la lumière. Des raisonnements faits relativement à K_0, nous savons que la vitesse v de B reste inchangée par l'absorption de S et S' (Fig. 4).

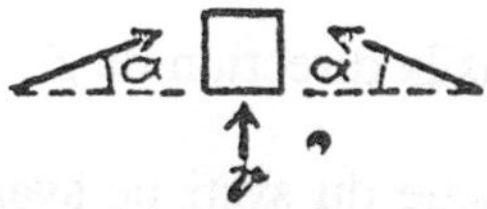

Nous allons maintenant appliquer la loi de la conservation de la quantité de mouvement, relativement à la direction Z, à notre système dans le repère K.

I. *Avant l'absorption.* — Soit M la masse de B, Mv est alors l'expression de la quantité de mouvement de B (conformément à la mécanique classique). Chacun des complexes possède l'énergie $\frac{E}{2}$

et, par conséquent, d'après une conclusion bien connue de la théorie de Maxwell, la quantité de mouvement $\frac{E}{2c}$. Rigoureusement parlant, ceci est la quantité de mouvement de S relativement à K_0. Toutefois, quand v est petit relativement à c, la quantité de mouvement de S relativement à K est la même, à l'exception d'une quantité du second ordre $\left(\frac{v^2}{c^2}\text{ comparé à } 1\right)$. La composante Z de cette quantité de mouvement est $\frac{E}{2c}\sin\alpha$, ou avec une exactitude suffisante (à l'exception de quantités d'un ordre de grandeur supérieur) $\frac{E}{2c}\alpha$ ou $\frac{E}{2}\cdot\frac{v}{c^2}$. S et S′ ont, par conséquent, ensemble une quantité de mouvement $E\frac{v}{c^2}$ dans la direction de Z. La quantité de mouvement totale du système avant l'absorption est donc :

$$Mv + \frac{E}{c^2}v.$$

II. *Après l'absorption.* — Soit M′ la masse de B. Nous anticipons ici la possibilité que la masse est augmentée par l'absorption de l'énergie E (ceci est nécessaire pour que le résultat final de notre raisonnement soit cohérent). La quantité de mouvement du système après l'absorption est alors

$$M'v.$$

Nous admettons maintenant la loi de la conservation de la quantité de mouvement et l'appliquons relativement à la direction Z. Ceci nous donne l'équation :

$$Mv + \frac{E}{c^2}v = M'v$$

ou

$$M' - M = \frac{E}{c^2}$$

Cette équation exprime la loi de l'équivalence de l'énergie et de la masse. L'accroissement de l'énergie E est lié à l'accroissement de la masse $\frac{E}{c^2}$. Puisque l'énergie, conformément à la définition habituelle, laisse une constante additive arbitraire, nous pouvons choisir cette dernière de telle sorte que

$$E = Mc^2.$$

1946

LA THÉORIE DE LA RELATIVITÉ

Les mathématiques traitent exclusivement des relations des concepts entre eux, sans considérer leurs relations avec l'expérience. La physique aussi traite de concepts mathématiques ; ces concepts acquièrent cependant un contenu physique grâce à la détermination précise de leurs relations avec les objets de l'expérience. Ceci est particulièrement le cas des concepts de mouvement, d'espace et de temps.

La théorie de la relativité est cette théorie physique qui est basée sur une interprétation physique cohérente de ces trois concepts. Le nom de « théorie de la relativité » est lié au fait que le mouvement, du point de vue de l'expérience possible, apparaît toujours comme le mouvement *relatif* d'un objet par rapport à un autre (p. ex. d'une voiture par rapport au sol, de la terre par rapport au soleil et aux étoiles fixes). Jamais on n'observe un « mouvement par rapport à l'espace », ou, comme on dit, « un mouvement absolu ». Le « principe de relativité » dans le sens le plus large est contenu dans cet énoncé : la totalité des phénomènes physiques est d'un caractère tel qu'elle ne donne aucune raison d'introduire le concept de « mouvement absolu » ou, pour parler plus brièvement, mais moins exactement : Il n'y a pas de mouvement absolu.

Il pourrait sembler que notre connaissance a peu de profit à tirer d'un tel énoncé négatif. En réalité, il présente une forte restriction aux lois (concevables) de la nature. Dans ce sens, il existe une analogie entre la théorie de la relativité et la thermodynamique. Cette dernière est également basée sur un énoncé négatif : « Il n'y a pas de mouvement perpétuel. »

Le développement de la théorie de la relativité s'est effectué en deux étapes : « théorie de la relativité restreinte » et « théorie de la relativité générale ». Cette dernière suppose la validité de la première comme cas limite et est sa continuation logique.

A. — Théorie de la relativité restreinte.

Interprétation physique de l'espace et du temps dans la mécanique classique.

La géométrie, du point de vue physique, est l'ensemble des lois selon lesquelles des corps rigides en repos relatif peuvent être placés les uns par rapport aux autres (p. ex. un triangle est formé de trois baguettes dont les extrémités se touchent d'une façon permanente). Il est supposé qu'avec une telle interprétation les lois d'Euclide sont valables. « L'espace », dans cette interprétation, est en principe un corps rigide infini (ou charpente) auquel la position de tous les autres corps est rapportée (corps de référence). La géométrie analytique (cartésienne) emploie comme corps de référence représentant l'espace trois baguettes rigides perpendiculaires les unes aux autres, sur lesquelles les « coordonnées » (x, y, z) des points de l'espace sont mesurées, de la façon bien connue, comme des projections perpendiculaires (à l'aide d'une unité de mesure rigide).

La physique traite « d'événements » dans l'espace et le temps. A chaque événement appartient, outre ses coordonnées d'espace x, y, z, une valeur temporelle t. Cette dernière était considérée comme mesurable par une horloge (processus périodique idéal) d'une dimension spatiale négligeable. Cette horloge H doit être considérée comme étant au repos en un point du système de coordonnées, p. ex. à l'origine des coordonnées ($x = y = z = 0$). L'instant auquel un événement à lieu au point P (x, y, z) est alors défini comme étant le temps indiqué par l'horloge H simultanément avec l'événement. Ici, le concept « simultané » était supposé avoir un sens physique, sans être spécialement défini. C'est là un manque d'exactitude qui paraît bénin seulement parce que, à l'aide de la lumière (dont la vitesse est pratiquement infinie quand on la compare aux vitesses courantes), la simultanéité d'événements distants dans l'espace peut apparemment être déterminée immédiatement.

La théorie de la relativité restreinte fait disparaître ce manque de précision en définissant la simultanéité physiquement au moyen de signaux lumineux. L'instant *t* de l'événement en P est l'indication de l'horloge H au moment de l'arrivée d'un signal lumineux parti de l'événement, corrigé relativement au temps dont a besoin le signal lumineux pour parcourir la distance. La correction suppose (postule) que la vitesse de la lumière est constante.

Cette définition réduit le concept de simultanéité d'événements distants dans l'espace à celui de simultanéité d'événements se produisant au même lieu (coïncidence), c'est-à-dire l'arrivée du signal lumineux en H et la lecture de H.

La mécanique classique est fondée sur le principe de Galilée : Un corps est en mouvement rectiligne et uniforme tant que d'autres corps n'agissent pas sur lui. Cet énoncé ne peut pas être valable pour des systèmes de coordonnées se mouvant arbitrairement. Sa validité ne s'étend qu'à ce qu'on appelle « systèmes d'inertie ». Les systèmes d'inertie sont en un mouvement rectiligne et uniforme les uns par rapport aux autres. Dans la physique classique, les lois sont valables seulement par rapport à l'ensemble des systèmes d'inertie (principe de relativité restreinte).

On peut maintenant facilement comprendre le dilemme qui a conduit à la théorie de la relativité restreinte. L'expérience et la théorie ont graduellement conduit à la conviction que la lumière se propage toujours dans le vide avec la même vitesse *c*, indépendamment de sa couleur et de l'état de mouvement de la source lumineuse (principe de constance de la vitesse de la lumière, que nous appellerons dans ce qui suit « principe-L »). Maintenant, des considérations intuitives élémentaires semblent montrer que le même rayon lumineux *ne peut pas* se mouvoir relativement à tous les systèmes d'inertie avec la même vitesse *c*. Le principe-L paraît contredire le principe de relativité restreinte.

Il se trouve cependant que cette contradiction n'est qu'apparente, elle repose essentiellement sur le préjugé du caractère absolu du temps, ou plutôt de la simultanéité d'événements distants. Nous venons de voir que *x*, *y*, *z*, et *t* d'un événement peuvent, pour le moment, être définis seulement par rapport à un certain système de coordonnées choisi (système d'inertie). La transformation des *x*, *y*, *z*, *t* d'événements, qui doit être effectuée quand on passe d'un système d'inertie à un autre (transformation de coordonnées), est un problème qui ne peut pas être résolu sans certaines hypothèses physiques. Toutefois, le postulat suivant est précisément suffisant pour une solution : *Le principe-L demeure vrai pour tous les systèmes d'inertie* (application du principe de relativité restreinte au principe-L). Les transformations ainsi définies, qui sont linéaires en x, y, z, t, sont appelées transformations de Lorentz. Les transformations de Lorentz sont, au point de vue formel, caractérisées par l'exigence que l'expression

$$dx^2 + dy^2 + dz^2 - c^2dt^2,$$

qui est formée à partir des différentielles des coordonnées dx, dy, dz, dt de deux événements infiniment proches, soit invariante (c'est-à-dire qu'au cours de la transformation elle se transforme en la *même* expression formée avec les différentielles des coordonnées dans le nouveau système).

A l'aide des transformations de Lorentz, le principe de relativité restreinte peut être exprimé ainsi : Les lois de la nature sont invariantes par rapport aux transformations de Lorentz (c'est-à-dire, une loi de la nature ne change pas sa forme, si l'on y introduit un nouveau système d'inertie à l'aide d'une transformation de Lorentz sur x, y, z, t).

La théorie de la relativité restreinte a conduit à une claire intelligence des concepts d'espace et de temps et, par suite, à faire connaître le comportement des règles et des horloges en mouvement. Elle a en principe éliminé le concept de simultanéité absolue et, par là, celui d'action instantanée à distance dans le sens de Newton. Elle a montré comment la loi du mouvement doit être modifiée quand il s'agit de mouvements qui ne sont pas d'une petitesse négligeable comparés à la vitesse de la lumière. Elle a conduit à une clarification formelle des équations de Maxwell du champ électromagnétique ; elle a, en particulier, conduit à une intelligence de l'unité essentielle du champ électrique et du champ magnétique. Elle a réuni en une seule loi les lois de la conversation de la quantité de mouvement et de l'énergie et démontré l'équivalence de la masse et de l'énergie. Du point de vue formel, on peut caractériser ainsi l'œuvre accomplie par la théorie de la relativité restreinte : elle a montré quel rôle joue la constante universelle *c* (vitesse de la lumière) dans les lois de la nature et démontré qu'il y a une connexion étroite entre la forme sous laquelle le temps, d'une part, et les coordonnées d'espace, d'autre part, entrent dans les lois de la nature.

B. — Théorie de la relativité générale.

La théorie de la relativité restreinte conservait la base de la mécanique classique sur un point fondamental, c'est-à-dire l'énoncé : Les lois de la nature sont valables seulement par rapport aux systèmes d'inertie. Les transformations « permises » pour les coordonnées (c'est-à-dire celles qui laissent la forme des lois inchangée) sont *exclusivement* les transformations (linéaires) de Lorentz. Cette restriction est-elle réellement basée sur des faits physiques ? L'argument suivant montre d'une façon convaincante que ce n'est pas le cas.

Principe d'équivalence. Un corps a une masse inerte (résistance à l'accélération) et une masse pesante (qui détermine le poids d'un corps dans un champ gravifique donné, p. ex. celui à la surface de la Terre). Ces deux quantités, si différentes d'après leurs définitions, sont d'après l'expérience caractérisées par un seul et même nombre. Il doit y avoir une raison plus profonde pour cela. Le fait peut aussi être décrit de la manière suivante : Dans un champ de gravitation, des masses différentes subissent la même accélération. Finalement, on peut aussi l'exprimer ainsi : Des corps dans un champ de gravitation se comportent comme en l'absence d'un champ de gravitation si, dans le dernier cas, le système de référence employé est un système de coordonnées uniformément accéléré (au lieu d'un système d'inertie).

Il ne paraît pas, par conséquent, y avoir de raison d'interdire l'interprétation suivante du dernier cas. On considère le système comme étant « au repos » et le champ de gravitation « apparent » qui existe par rapport à lui comme « réel ». Ce champ de gravitation « engendré » par l'accélération du système de coordonnées serait naturellement d'une étendue illimitée, de telle sorte qu'il ne pourrait être produit par des masses graves dans une région finie; cependant, si nous cherchons une théorie du champ, ce fait ne doit pas nous décourager. Par cette interprétation, le système d'inertie perd sa signification et l'on a une

« explication » de l'égalité de la masse pesante et de la masse inerte (la même propriété de la matière apparaît comme poids ou comme inertie, selon le mode de description).

Envisagée au point de vue formel, l'admission d'un système de coordonnées, qui est accéléré par rapport aux coordonnées « d'inertie » originelles, signifie l'admission de transformations de coordonnées non linéaires, d'où une puissante extension de l'idée d'invariance, c'est-à-dire du principe de relativité.

Tout d'abord, une discussion approfondie, qui se sert des résultats de la théorie de la relativité restreinte, montre qu'avec une telle généralisation les coordonnées ne peuvent plus être interprétrées directement comme des résultats de mesure. Seules les différences de coordonnées, ainsi que les grandeurs de champ qui décrivent le champ de gravitation, déterminent les distances mesurables entre les événements. Quand on s'est vu forcé d'admettre des transformations de coordonnées non linéaires comme transformations entre systèmes de coordonnées équivalents, il paraît très simple d'admettre toutes les transformations continues de coordonnées (qui forment un groupe), c'est-à-dire d'admettre des systèmes de coordonnées curvilignes arbitraires dans lesquels les champs sont décrits par des fonctions régulières (principe de relativité générale).

Il n'est pas difficile maintenant de comprendre pourquoi le principe de relativité générale *(se basant sur le principe d'équivalence)* a conduit à une théorie de la gravitation. Il existe un genre spécial d'espace, dont nous pouvons supposer la structure physique (champ) comme connue précisément sur la base de la théorie de la relativité restreinte. C'est l'espace vide sans champ électromagnétique et sans matière. Il est entièrement déterminé par sa propriété « métrique ». Soient dx_0, dy_0, dz_0, dt_0 les différences de coordonnées de deux points infiniment proches (événements), alors

(1) $$ds^2 = dx_0{}^2 + dy_0{}^2 + dz_0{}^2 - c^2dt_0{}^2$$

est une quantité mesurable, qui est indépendante du choix spécial du système d'inertie. Si l'on introduit dans cet espace les nouvelles coordonnées x_1, x_2, x_3, x_4 par une transformation générale de coordonnées, alors la quantité ds^2 pour les mêmes deux points a une expression de la forme

(2) $$ds^2 = \Sigma g_{ik}\, dx^i dx^k$$ (sommé par rapport à i et k de 1 à 4),

où $g_{ik} = g_{ki}$. Les g_{ik} qui forment un « tenseur symétrique » et sont des fonctions continues de x_1 ... x_4 décrivent alors, conformément au « principe d'équivalence », un champ de gravitation d'un genre spécial (c'est-à-dire un champ qui peut de nouveau être ramené à la forme (1)). Les recherches de Riemann sur les espaces métriques permettent d'indiquer exactement les propriétés mathématiques de ce champ g_{ik} (« condition de Riemann »). Cependant, ce que nous cherchons ce sont les équations qui sont satisfaites par des champs de gravitation « généraux ». Il est naturel de supposer qu'eux aussi peuvent être décrits comme des champs tensoriels du type g_{ik}, qui n'admettent pas généralement une transformation en la forme (1), c'est-à-dire qui ne satisfont pas à la « condition de Riemann », mais à des conditions plus faibles, lesquelles, exactement comme la condition de Riemann, sont indépendantes du choix des coordonnés (c'est-à-dire, elles sont généralement invariantes). Un raisonnement formel simple conduit à des conditions plus faibles, qui sont étroitement liées à la condition de Riemann. Ces conditions sont les véritables équations du champ de gravitation pur (en dehors de la matière et en l'absence de champ électromagnétique).

Ces équations font apparaître les lois de la gravitation de Newton comme une loi approchée et expliquent en outre certains petits effets qui ont été confirmés par l'observation (déviation de la lumière par le champ de gravitation d'une étoile, influence du potentiel gravifique sur la fréquence de la lumière émise, lente rotation des trajectoires elliptiques des planètes — mouvement du périhélie de Mercure). Elles fournissent de plus une explication de l'expansion des systèmes galactiques, qui se manifeste par un déplacement vers le rouge de la lumière émise par ces systèmes.

La théorie de la relativité générale est encore incomplète en ce sens qu'il n'a été possible de l'appliquer d'une manière satisfaisante qu'aux champs de gravitation, mais non pas au champ total. Nous ne savons pas encore avec certitude par quel mécanisme mathématique le champ total dans l'espace doit être décrit, et quelles sont les lois générales invariantes auxquelles ce champ total obéit. Une chose cependant paraît certaine : le principe de relativité générale sera un instrument nécessaire et efficace pour la solution du problème du champ total.

1949

SUR LA THÉORIE DE LA GRAVITATION GÉNÉRALISÉE

Notre mémoire récemment publié sous le titre *Théorie de la gravitation généralisée* (1) contient une recherche mathématique sur les fondements de la physique du champ et conduit à l'extension de la théorie de la relativité générale.

Certains lecteurs, quelque peu étonnés, pourraient se demander : N'avons-nous pas tout appris sur les fondements de la physique quand nous étions encore à l'école ? La réponse peut être « oui » ou « non », elle dépend de l'interprétation. Nous avons pris connaissance de concepts et de rapports généraux, qui nous rendent capables de comprendre un immense domaine d'expériences et de les rendre accessibles au traitement mathématique. En un certain sens, ces concepts et ces rapports sont même probablement définitifs. Ceci est vrai, par exemple, des lois de la réfraction de la lumière, des relations de la thermodynamique classique, dans la mesure où elle est basée sur

(1) Traduit par M. Solovine (Paris, 1951).

les concepts de pression, de volume, de température, de chaleur, de travail et sur l'hypothèse de la non-existence d'une machine en mouvement perpétuel.

Qu'est-ce qui nous pousse alors à inventer des théories l'une après l'autre ? Et pourquoi même imaginons-nous des théories ? La réponse à la dernière question est simple : parce que nous avons de la joie à « comprendre », c'est-à-dire à ramener les phénomènes par l'intermédiaire de la logique à quelque chose de déjà connu ou (apparemment) évident. De nouvelles théories sont tout d'abord nécessaires quand nous rencontrons de nouveaux faits qui ne peuvent pas être « expliqués » par les théories existantes. Mais ce motif pour construire de nouvelles théories est, pour ainsi dire, banal, imposé du dehors. Il y a un autre motif, plus subtil et qui n'est pas d'une importance moindre : c'est l'effort d'unifier et de simplifier les prémisses de la théorie dans son ensemble (c'est le principe d'économie de Mach, interprété comme un principe logique).

Il existe une passion de comprendre comme il existe une passion pour la musique. Cette passion est plutôt commune chez les enfants, mais elle se perd chez la plupart avec l'âge. Sans cette passion il n'y aurait ni mathématiques, ni sciences de la nature. A maintes reprises elle a conduit à l'illusion que l'homme est capable de comprendre le monde objectif rationnellement, par la pensée pure, sans fondement empirique quelconque —

bref, par la métaphysique. Je crois que tout véritable théoricien est une espèce de métaphysicien apprivoisé, si forte que soit sa conviction d'être un « positiviste » pur. Le métaphysicien croit que ce qui est logiquement simple est aussi réel. Le métaphysicien apprivoisé croit que ce qui est logiquement simple n'est pas entièrement contenu dans la réalité expérimentale, mais que la totalité de l'expérience sensible peut être « comprise » sur la base d'un système conceptuel édifié sur des prémisses d'une grande simplicité. Le sceptique dira que cela est une « croyance au miracle ». En admettant qu'il en soit ainsi, il reste que cette croyance au miracle a été confirmée dans une surprenante mesure par le développement de la science.

L'origine de l'atomisme en offre un bon exemple. Comment Leucippe a-t-il conçu cette idée audacieuse ? Quand l'eau gèle et devient glace — apparemment quelque chose de totalement différent de l'eau — pourquoi la glace qui fond produit-elle quelque chose qui ne paraît pas se distinguer de l'eau originelle ? Leucippe est embarrassé, il cherche une « explication » et est conduit à la conclusion que dans cette transformation « l'essence » de la chose n'a pas du tout changé. Il est possible que la chose soit constituée par des particules immuables et que le changement soit seulement un changement dans leur arrangement spatial. Ne serait-il pas possible que cela fût vrai de tous les objets matériels qui se manifestent continuellement avec des qualités presque identiques ?

Cette idée n'a pas entièrement disparu pendant le long engourdissement de la pensée occidentale. Deux mille ans après Leucippe, Bernoulli s'étonne que les gaz exercent une pression sur les parois d'un récipient. Faudrait-il « expliquer » ce fait par la répulsion réciproque des particules gazeuses, dans le sens de la mécanique newtonienne ? Cette hypothèse paraît absurde, parce que la pression gazeuse dépend, toutes choses étant égales, de la température. Supposer que les forces d'interaction de Newton dépendent de la température est contraire à l'esprit de sa mécanique. Et puisque Bernoulli connaissait le concept d'atome il était obligé de conclure que ce sont les atomes (ou les molécules) qui heurtent les parois du récipient et, ce faisant, exercent une pression. Après tout, on n'a qu'à supposer que les atomes sont en mouvement, car comment pourrait-on autrement rendre compte de la variation de la température des gaz ?

Un simple raisonnement mécanique montre que cette pression dépend seulement de l'énergie cinétique des particules et de leur densité dans l'espace. Ceci aurait dû conduire les physiciens de ce temps à la conclusion que la chaleur consiste en un mouvement au hasard des atomes. S'ils avaient accordé à cette considération l'attention qu'elle méritait, le développement de la théorie de la chaleur, en particulier la découverte de l'équivalence de la chaleur et de l'énergie mécanique aurait été considérablement facilitée.

Cet exemple vise à illustrer deux choses. L'idée théorique (l'atomisme dans notre cas) ne prend pas naissance en dehors et indépendamment de l'expérience ; elle ne peut non plus être dérivée de l'expérience par un procédé purement logique. Elle est produite par un acte créateur. Une fois qu'une idée théorique est acquise, on fait bien de s'y attacher jusqu'à ce qu'elle conduise à une conclusion insoutenable.

En ce qui concerne mon tout récent travail théorique, je ne me sens pas justifié d'en faire un exposé détaillé devant un vaste groupe de lecteurs qui s'intéressent à la science. Ceci devrait être fait seulement quand il s'agit de théories qui ont été adéquatement confirmées par l'expérience. Jusqu'à présent, c'est principalement la simplicité de ses prémisses et sa connexion intime avec ce qui est déjà connu (notamment les lois du champ de gravitation pur) qui parlent en faveur de la théorie que nous allons discuter. Il pourrait cependant y avoir intérêt pour un vaste groupe de lecteurs à connaître le fil des idées qui peuvent conduire à des tentatives présentant un caractère extrêmement spéculatif. En outre, on indiquera quels genres de difficultés ont été rencontrés et dans quel sens ils ont été surmontés.

Dans la physique newtonienne, le concept théorique élémentaire sur lequel est basée la description de corps matériels est le point matériel ou la particule. La matière est ainsi considérée *a priori* comme discontinue. Ceci rend nécessaire de considérer l'action des points matériel les uns sur les autres comme une « action à distance ». Comme ce dernier concept paraît complètement contraire à l'expérience, il est tout à fait naturel que les contemporains de Newton — et Newton lui-même — l'aient trouvé difficile à accepter. Mais par suite du succès presque miraculeux du système newtonien, les générations de physiciens suivantes s'habituèrent à l'idée d'une action à distance. Tout doute était enterré pour longtemps.

Mais quand dans la seconde moitié du XIXe siècle les lois de l'électrodynamique furent connues, il se trouva que ces lois ne pouvaient pas être incorporées d'une manière satisfaisante au système de Newton. Il est tentant de faire cette réflexion : Faraday aurait-il découvert la loi de l'induction électromagnétique, s'il avait reçu une éducation universitaire régulière ? Non gêné par la façon de penser traditionnelle, il sentit que l'introduction du « champ » comme élément indépendant de la réalité l'aiderait à coordonner les faits expérimentaux. Ce fut Maxwell qui comprit pleinement la signification du concept de champ. Il fit la découverte fondamentale que les lois de l'électrodynamique trouvaient leur expression naturelle dans les équations différentielles des champs électrique et magnétique. Ces équations impliquaient l'existence d'ondes dont les propriétés correspondaient à celles de la lumière, dans la mesure où elles étaient connues à cette époque.

Cette incorporation de l'optique dans la théorie de l'électromagnétisme représente un des plus grands triomphes dans l'effort d'unification des fondements de la physique. Maxwell a réalisé cette unification par des arguments purement théoriques, longtemps avant qu'elle fût corroborée par le travail expérimental de Hertz. La nouvelle connaissance rendit possible de se dispenser de l'hypothèse de l'action à distance, au moins dans le domaine des phénomènes électromagnétiques. Le champ intermédiaire apparaissait maintenant comme le seul support de l'interaction électromagnétique des corps, et le comportement du champ était complètement déterminé par des processus locaux exprimés par des équations différentielles.

Maintenant une question surgit : Puisque le champ existe même dans le vide, faut-il le concevoir comme l'état d'un « support », ou bien serait-il plutôt doué d'une existence indépendante, non réductible à quelque autre chose ? En d'autres termes, existe-t-il un « éther » qui sert de support au champ et qu'on peut supposer dans un état ondulatoire, par exemple, quand il transporte des ondes lumineuses ?

A cette question il y a une réponse naturelle : Puisqu'on ne peut pas se passer du concept de champ, il est préférable de ne pas introduire en plus un support avec des propriétés hypothétiques. Néanmoins, les pionniers qui ont les premiers reconnu que le concept du champ était indispensable étaient encore trop fortement imprégnés de la pensée mécanique traditionnelle pour accepter sans hésitation ce point de vue simple. Mais au cours des décades suivantes, cette conception a imperceptiblement pris racine.

L'introduction du champ comme concept élémentaire fit naître un désaccord dans la théorie prise dans son ensemble. La théorie de Maxwell, bien qu'elle décrive d'une manière adéquate le comportement des particules électriquement chargées dans leur action les unes sur les autres, n'explique pas le comportement des densités électriques, c'est-à-dire qu'elle ne fournit pas une théorie des particules elles-mêmes. Elles doivent, par conséquent, être traitées comme des points matériels sur la base de l'ancienne théorie. La combinaison de l'idée d'un champ continu avec celle de points matériels discontinus dans l'espace apparaît comme contradictoire. Une théorie cohérente du champ exige que tous les éléments qui y figurent soient continus, non seulement dans le temps mais aussi dans l'espace, et dans tous les points de l'espace. De là vient que la particule matérielle n'a pas de place comme concept fondamental dans une théorie du champ. Ainsi, même indépendamment du fait que la gravitation n'y est pas incluse, l'électrodynamique de Maxwell ne peut pas être considérée comme une théorie complète.

Les équations de Maxwell dans le vide restent inchangées, si les coordonnées d'espace et de temps sont soumises à un genre particulier de transformations linéaires — les transformations de Lorentz (« covariance » relativement aux transformations de Lorentz). La covariance se maintient aussi, bien entendu, pour une transformation qui est composée de deux ou de plusieurs transformations semblables ; ceci est appelé la propriété de « groupe » des transformations de Lorentz.

Les équations de Maxwell impliquent le « groupe de Lorentz », mais le groupe de Lorentz n'implique pas les équations de Maxwell. Le groupe de Lorentz peut en effet être défini, indépendamment des équations de Maxwell, comme un groupe de transformations linéaires qui laissent une valeur particulière de la vitesse — la vitesse de la lumière — invariante. Ces transformations sont valables pour le passage d'un « système d'inertie » à un autre, qui effectue un mouvement uniforme par rapport au premier. La nouvelle propriété très remarquable de ce groupe de transformations est qu'il élimine le caractère absolu du concept de simultanéité d'événements éloignés les uns des autres dans l'espace. Pour cette raison il faut s'attendre à ce que toutes les équations de la physique soient covariantes relativement aux transformations de Lorentz (théorie de la relativité restreinte). Il arriva ainsi que les équations de Maxwell conduisirent à un principe heuristique valable bien au-delà du domaine d'application ou même de validité des équations elles-mêmes.

La relativité restreinte a ceci de commun avec la mécanique de Newton : les lois des deux théories sont supposées être seulement valables relativement à certains systèmes de coordonnées, ceux connus comme « systèmes d'inertie ». Un système d'inertie est un système dans un état de mouvement tel que les points matériels « libres » (sur lesquels n'agit aucune force) dans son intérieur ne sont pas accélérés relativement au système de coordonnées. Toutefois, cette définition est vide, s'il n'existe pas de moyen indépendant de reconnaître l'absence de forces. Mais un tel moyen de reconnaissance n'existe pas, si la gravitation est considérée comme un « champ ».

Soit A un système uniformément accéléré relativement à un « système d'inertie » I. Des points matériels, non accélérés relativement à I, sont accélérés relativement à A, l'accélération de tous les points étant égale en grandeur et en direction. Ils se comportent comme si un champ de gravitation existait relativement à A, car c'est une propriété caractéristique du champ de gravitation que l'accélération est indépendante de la nature particulière du corps. Il n'y a pas de raison d'exclure la possibilité d'interpréter ce comportement comme l'effet d'un « vrai » champ de gravitation (*principe d'équivalence*). Cette interprétation implique que A est un « système d'inertie », même s'il est accéléré relativement à un autre système d'inertie. (Il est essentiel pour cet argument que l'introduction de champs gravifiques indépendants soit considérée comme justifiée, même si les masses qui engendrent le champ ne sont pas définies. C'est pourquoi un tel argument n'aurait pas paru convaincant à Newton.) Le concept de système d'inertie, la loi de l'inertie et la loi du mouvement sont ainsi privés de leur signification concrète, non seulement dans la mécanique classique, mais aussi dans la relativité restreinte. De plus, en suivant le fil de ces idées on trouve que, relativement à A, le temps ne peut pas être mesuré par des horloges identiques ; en effet, même la signification physique immédiate de différences de coordonnées disparaît, généralement. En présence de toutes ces difficultés, ne faut-il pas, après tout, essayer de rester attaché au concept de système d'inertie, en abandonnant la tentative d'expliquer le caractère fondamental des phénomènes de la gravitation, qui se manifeste dans le système de Newton sous la forme d'équivalence de la masse inerte et de la masse pesante ? Ceux qui croient à la compréhensibilité de la nature doivent répondre : Non.

C'est là le point essentiel du principe d'équivalence. Pour expliquer l'égalité de la masse inerte et de la masse pesante dans les limites de la théorie, il est nécessaire d'admettre des transformations non linéaires des quatre coordonnées. Cela veut dire que le groupe des transformations de Lorentz et, par suite, le groupe des systèmes de coordonnées « permis » doivent être étendus.

Quel groupe de transformations de coordonnées doit alors être substitué au groupe des transformations de Lorentz ? Les mathématiques suggèrent une réponse qui est basée sur les recherches fondamentales de Gauss et de Riemann, c'est-à-dire que la substitution appropriée est le groupe de toutes les transformations continues (analytiques) des coordonnées. Dans ces transformations, la seule chose qui reste invariante est le fait que des points voisins ont à peu près les mêmes coordonnées ; le système de coordonnées exprime seulement l'ordre topologique des points dans l'espace (y compris son caractère quadridimensionnel). Les équations qui expriment les lois de la nature doivent être covariantes relativement à toutes les transformations continues des coordonnées. C'est là le principe de la relativité générale.

Le procédé que nous venons de décrire remédie à un défaut dans les fondements de la mécanique, qui avait déjà été remarqué par Newton, qui a été critiqué par Leibniz et, deux siècles plus tard, par Mach. L'inertie résiste à l'accélération, mais à l'accélération par rapport à quoi ? Dans le cadre de la mécanique classique, la seule réponse est : L'inertie résiste à l'accélération *relativement à l'espace*. Ceci est une propriété physique de l'espace — l'espace agit sur les objets, mais les objets n'agissent pas sur l'espace. Telle est probablement le sens profond de l'assertion de Newton : *spatium est absolutum* (l'espace est absolu). Mais cette idée troubla certains esprits, particulièrement Leibniz, qui n'attribuait pas à l'espace une existence indépendante, mais le considérait seulement comme une propriété des « choses » (contiguïté d'objets physiques). Si ces doutes justifiés s'étaient imposés à cette époque, ils auraient à peine présenté un avantage pour la physique, car les fondements empiriques et théoriques nécessaires à la poursuite de son idée n'existaient pas au XVIIe siècle.

Conformément à la relativité générale, le concept d'espace détaché de tout contenu physique n'existe pas. La réalité physique de l'espace est représentée par un champ dont les composants sont des fonctions continues de quatre variables indépendantes — les coordonnées d'espace et de temps. C'est justement ce genre particulier de dépendance qui exprime le caractère spatial de la réalité physique.

Puisque la théorie de la relativité générale implique la représentation de la réalité physique par un champ *continu*, le concept de particule ou de point matériel ne peut pas jouer un rôle fondamental, le concept de mouvement non plus.

La particule peut seulement apparaître comme une région limitée dans l'espace dans laquelle l'intensité du champ ou la densité d'énergie est particulièrement élevée.

Une théorie de la relativité doit répondre à ces

deux questions : 1) Quel est le caractère mathématique du champ ? 2) Quelles équations sont valables pour ce champ ?

En ce qui concerne la première question, il faut dire ceci : Du point de vue mathématique le champ est essentiellement caractérisé par la façon dont ses composantes se transforment, si une transformation de coordonnées est appliquée. En ce qui concerne la seconde question, il faut affirmer ceci : Les équations doivent déterminer le champ *à un degré suffisant* en satisfaisant aux postulats de la relativité générale. Que cette exigence puisse ou ne puisse pas être satisfaite dépend du choix du type de champ.

La tentative de comprendre les corrélations entre les données empiriques en se basant sur un programme tellement abstrait paraît au premier abord tout à fait vaine. Le procédé revient en fait à poser la question suivante : Quelle propriété extrêmement simple, et de quel objet (champ) extrêmement simple, peut-on exiger, tout en conservant le principe de la relativité générale ? Considéré du point de vue de la logique formelle, le caractère double de la question apparaît comme désastreux, sans parler du vague du concept « simple ». En outre du point de vue de la physique il n'y a rien qui justifie la supposition qu'une théorie qui est « logiquement simple » doit aussi être « vraie ».

Mais toute théorie est spéculative. Quand les concepts fondamentaux d'une théorie sont comparativement « près de l'expérience » (par exemple, les concepts de force, de pression, de masse), son caractère spéculatif n'est pas facilement perceptible. Mais si une théorie présente un caractère tel qu'elle exige l'application de procédés logiques compliqués pour obtenir à partir des prémisses des conclusions qui peuvent être confrontées avec l'observation, chacun se rend compte de la nature spéculative de la théorie. Dans un tel cas un sentiment presque irrésistible d'aversion se manifeste chez les gens qui sont inexpérimentés dans l'analyse épistémologique et qui ne se rendent pas compte de la nature précaire de la pensée théorique dans les domaines qui leur sont familiers.

Il faut concéder, d'autre part, qu'une théorie présente un avantage important, si ses concepts fondamentaux et ses hypothèses sont « près de l'expérience », et une plus grande confiance dans une telle théorie est certainement justifiée. Ici il y a moins de danger de s'égarer complètement, étant donné surtout qu'il ne faut pas beaucoup de temps et d'effort pour la réfuter par l'expérience. Mais à mesure que notre connaissance gagne en profondeur, nous devons abandonner cet avantage dans notre poursuite de simplicité logique et d'unité des fondements de la théorie physique. Il faut reconnaître que la relativité générale est allée plus loin que les théories physiques antérieures en abandonnant le « contact étroit avec l'expérience » des concepts fondamentaux afin d'atteindre la simplicité logique. Ceci est déjà vrai pour la théorie de la gravitation, et est encore plus vrai pour la nouvelle généralisation, qui est une tentative d'embrasser les propriétés du champ total. Dans la théorie généralisée, la déduction à partir des prémisses de la théorie des conclusions pouvant être confrontées avec les données empiriques est si difficile que jusqu'à présent aucun résultat n'a été obtenu. En faveur de la théorie parlent en ce moment sa simplicité logique et sa « rigidité ». Rigidité signifie ici qu'elle est vraie ou fausse, mais qu'elle n'est pas modifiable.

La plus grande difficulté interne qui empêche le développement de la théorie de la relativité est la nature double du problème, indiquée par les deux questions que nous avons posées. Cette dualité est la raison pour laquelle la théorie s'est constituée en deux phases, si éloignées l'une de l'autre. La première de ces phases, la théorie de la gravitation, est basée sur le principe de l'équivalence, discuté plus haut, et repose sur la considération suivante : Conformément à la théorie de la relativité restreinte, la lumière se propage avec une vitesse constante. Si un rayon lumineux part dans le vide d'un point ayant pour coordonnées x_1, x_2, x_3 dans un système de coordonnées à trois dimensions au moment x_4, il se propage en onde sphérique et atteint un point voisin $(x_1 + dx_1,\ x_2 + dx_2,\ x_3 + dx_3)$ au temps $x_4 + dx_4$. En introduisant la vitesse de la lumière c, nous avons l'expression :

$$\sqrt{dx_1^2 + dx_2^2 + dx_3^2} = c\,dx_4.$$

Ceci peut aussi être exprimé sous la forme :

$$dx_1^2 + dx_2^2 + dx_3^2 - c^2 dx_4^2 = 0.$$

Cette expression représente une relation objective entre des points d'espace-temps voisins à quatre dimensions et est valable pour tous les systèmes d'inertie, à condition que les transformations des coordonnées soient limitées à celles de la relativité restreinte. La relation perd cependant cette forme, si des transformations continues arbitraires des coordonnées sont admises, en accord avec le principe de la relativité générale. La relation revêt alors la forme plus générale :

$$\sum_{ik} g_{ik}\, dx_i\, dx_k = 0.$$

Les g_{ik} sont certaines fonctions des coordonnées qui se transforment d'une manière définie, si une transformation de coordonnées continue est employée. Conformément au principe de l'équivalence, ces fonctions g_{ik} décrivent un genre particulier de champ de gravitation, un champ qui peut être obtenu par la transformation de l'espace « libre de tout champ ». Les g_{ik} satisfont à une loi particulière de transformation. Elles sont, mathématiquement parlant, des composants d'un « tenseur » possédant une propriété de symétrie qui se conserve dans toutes les transformations ; la propriété de symétrie est exprimée de la façon suivante :

$$g_{ik} = g_{ki}.$$

Cette idée se présente alors d'elle-même : Ne pourrions-nous pas attribuer une signification objective à un tel tenseur symétrique, même si le champ *ne peut pas* être obtenu à partir de l'espace vide de la relativité restreinte par une simple transformation de coordonnées ? Bien que nous ne puissions pas nous attendre à ce qu'un tel tenseur symétrique décrive le champ le plus général, il pourrait bien décrire le cas particulier du « champ de gravitation pur » . On voit ainsi quel genre de champ, du moins pour un cas particulier, la relativité générale doit postuler : un champ tensoriel symétrique.

Il reste ainsi seulement la seconde question : Quel genre de loi du champ généralement covariante peut-on postuler pour un champ tensoriel symétrique ?

Il n'a pas été difficile de répondre de nos jours à cette question, puisque les conceptions mathématiques nécessaires étaient déjà à notre disposition sous la forme de la théorie métrique des surfaces, créée, il y a un siècle, par Gauss et étendue par Riemann à des variétés à un nombre de dimensions arbitraire. Le résultat de cette recherche purement formelle a été surprenant à beaucoup d'égards. Les équations différentielles qui peuvent être postulées comme loi du champ pour les g_{ik} ne peuvent pas être inférieures au second ordre, c'est-à-dire qu'elles doivent au moins contenir les dérivées secondes des g_{ik} relativement aux coordonnées. En supposant que dans la loi du champ n'apparaissent pas de dérivées supérieures aux dérivées secondes, *elle est mathématiquement déterminée par le principe de relativité générale*. Le système d'équations peut être écrit sous la forme :

$$R_{ik} = 0.$$

Les R_{ik} se transforment de la même manière que les g_k, c'est-à-dire qu'elles aussi forment un tenseur symétrique.

Ces équations différentielles remplacent complètement la théorie de Newton du mouvement des corps célestes, pourvu que les masses soient représentées comme des singularités du champ. En d'autres termes, elles contiennent la loi de la force aussi bien que la loi du mouvement, tout en éliminant les « systèmes d'inertie ».

Le fait que les masses apparaissent comme des singularités montre qu'elles ne peuvent pas être expliquées par des champs symétriques g_{ik}, ou des « champs de gravitation ». Même le fait qu'il existe seulement des masses gravitantes *positives* ne peut être déduit de cette théorie. Il est évident qu'une complète théorie relativiste du champ doit être basée sur un champ d'une nature plus complexe, c'est-à-dire sur une généralisation du champ tensoriel symétrique.

Avant de considérer une telle généralisation, il est essentiel, pour l'explication qui va suivre, de faire deux remarques se rattachant à la théorie de la gravitation.

La première observation est que le principe de relativité générale impose des restrictions extrêmement fortes aux possibilités théoriques. Sans ce principe restrictif il aurait été pratiquement impossible pour qui que ce soit de trouver les équations de la gravitation, pas même en employant le principe de relativité restreinte, bien qu'on sache que le champ doit être décrit par un tenseur symétrique. Aucune masse de faits ne pouvait conduire à ces équations sans l'emploi du principe de relativité générale. C'est là la raison pour laquelle toutes les tentatives pour obtenir une connaissance plus profonde des fondements de la physique me paraissent condamnées, si les concepts fondamentaux ne sont pas en accord, dès le début, avec la relativité générale. Cette situation rend difficile la mise à profit de nos connaissances empiriques, si compréhensives qu'elles soient, quand nous recherchons les concepts fondamentaux et les lois de la physique, et nous sommes obligés d'employer la spéculation libre à un degré beaucoup plus élevé que n'admettent actuellement la plupart des physiciens. Je ne vois aucune raison de supposer que la signification heuristique du principe de relativité générale doive être limitée à la gravitation et que le reste de la physique puisse être traité séparément sur la base de la relativité restreinte, dans l'espoir que plus tard le tout pourrait s'ajuster d'une façon cohérente à un plan relativiste général. Je ne pense pas qu'une telle attitude, bien que compréhensible du point de vue historique, puisse se justifier objectivement. Le relativement peu que nous connaissons aujourd'hui comme effets de la gravitation n'est pas une raison concluante pour ignorer le principe de relativité générale dans les investigations théoriques d'un caractère fondamental. En d'autres termes, je ne crois pas qu'il soit justifié de demander : Quel aspect présenterait la physique sans la gravitation ?

Le second point que nous devons noter est que les équations de la gravitation sont dix équations différentielles pour les dix composants du tenseur symétrique g_{ik}. Dans le cas d'une théorie relativiste non générale, un système n'est pas d'ordinaire surdéterminé si le nombre des équations est égal au nombre des fonctions inconnues. La multiplicité des solutions est telle que dans la solution générale un certain nombre de fonctions à trois variables peut être arbitrairement choisi. Pour une théorie relativiste générale, on ne peut pas s'attendre à cela comme à une chose toute naturelle. Le libre choix relativement au système de coordonnées implique que sur les dix fonctions d'une solution, ou composantes du champ, quatre peuvent prendre des valeurs prescrites grâce à un choix approprié du système de coordonnées. En d'autres termes, le principe de relativité générale implique que le nombre des fonctions qui doivent être déterminées par des équations différentielles n'est pas 10, mais $10-4=6$. Pour ces six fonctions, seulement six équations différentielles indépendantes peuvent être postulées. Six seulement des dix équations différentielles du champ de gravitation doivent être indépendantes l'une de l'autre, tandis que les quatre qui restent doivent être reliées à ces six au moyen de quatre relations (identités). Et en effet, il existe parmi les premiers membres R_{ik} des dix équations de la gravitation quatre identités — « les identités de Bianchi » — qui assurent leur « compatibilité ».

Dans un cas comme celui-ci — où le nombre des variables du champ est égal au nombre des équations différentielles — la compatibilité est toujours assurée, si les équations peuvent être déduites d'un principe variationnel. Ceci est en effet le cas pour les équations de la gravitation.

Cependant, les dix équations différentielles ne peuvent pas être entièrement remplacées par six. Le système d'équations est en effet « surdéterminé », mais grâce à l'existence des identités il est surdéterminé de telle sorte que sa compatibilité ne disparaît pas, c'est-à-dire que la multiplicité des solutions n'est pas critiquement limitée. Le fait que les équations de la gravitation impliquent la loi du mouvement des masses est intimement lié à cette surdétermination (permise).

Après cette préparation il est maintenant facile de comprendre la nature de la présente étude sans entrer dans les détails mathématiques. Le problème est d'établir une théorie relativiste pour le champ total. La piste la plus importante pour arriver à sa solution est qu'il existe déjà la solution pour le cas spécial du champ de gravitation pur. La théorie que nous cherchons doit, par conséquent, être une généralisation de la théorie du champ de gravitation. La première question est :

Quelle est la généralisation naturelle du champ tensoriel symétrique ?

Cette question ne peut pas recevoir de réponse en elle-même, mais seulement en connexion avec cette autre question : Quelle généralisation du champ va nous fournir le système théorique le plus naturel ? La réponse sur laquelle la théorie en discussion est basée est que le champ tensoriel symétrique doit être remplacé par un champ tensoriel non symétrique. Cela signifie que la condition $g_{ik} = g_{ki}$ pour les composants du champ doit être abandonnée. Dans ce cas le champ a 16 au lieu de 10 composantes indépendantes.

Il reste maintenant la tâche d'établir les équations différentielles relativistes pour un champ tensoriel non symétrique. En essayant de résoudre ce problème on se heurte à une difficulté qui ne se présente pas dans le cas du champ symétrique. Le principe de relativité générale ne suffit pas pour déterminer complètement les équations du champ, surtout parce que la loi de transformation de la seule partie symétrique du champ n'implique pas les composantes de la partie antisymétrique, ou inversement. C'est là probablement la raison pour laquelle ce genre de généralisation du champ a été à peine tenté dans le passé. On peut montrer seulement que la combinaison des deux parties du champ est un procédé naturel, si dans le formalisme de la théorie seul le champ total joue un rôle et non pas les parties symétrique et antisymétrique séparément.

Il se trouve que cette exigence peut en effet être satisfaite d'une façon naturelle. Mais, même cette exigence, ensemble avec le principe de relativité générale, n'est pas encore suffisante pour déterminer d'une manière unique les équations du champ. Rappelons que le système d'équations doit satisfaire à une autre condition : les équations doivent être compatibles. On a mentionné plus haut que cette condition est satisfaite, si les équations peuvent être dérivées d'un principe variationnel.

Ceci a, en effet, été réalisé, bien que d'une façon moins naturelle que dans le cas du champ symétrique. Il était troublant de constater qu'on peut le réaliser de deux manières différentes. Ces principes variationnels fournissaient deux systèmes d'équations — que nous appellerons E_1 et E_2 — qui différaient l'un de l'autre (bien que légèrement), chacun d'eux présentant des imperfections spécifiques. Par conséquent, même la condition de compatibilité était insuffisante pour déterminer le système d'équations d'une manière unique.

Ce furent, en effet, les imperfections formelles des systèmes E_1 et E_2 qui indiquèrent un moyen possible d'en sortir. Il existe un troisième système d'équations, E_3, qui n'a pas les imperfections formelles des systèmes E_1 et E_2 et qui représente une combinaison des deux en ce sens que chaque solution de E_3, est une solution de E_1 aussi bien que de E_2. Ceci suggère que E_3 pourrait être le système que nous avons cherché. Pourquoi alors ne pas postuler E_3 comme le système d'équations ? Un tel procédé n'est pas justifié sans une analyse plus poussée, parce que la compatibilité de E_1 et celle de E_2 n'impliquent pas la compatibilité au système plus fort E_3, où le nombre des équations dépasse de quatre le nombre des composantes du champ.

Un raisonnement indépendant montre que, lors de la question de compatibilité, le système plus fort E_3, est la seule généralisation réellement naturelle des équations de la gravitation.

Mais E_3 n'est pas un système compatible dans le même sens que le sont les systèmes E_1 et E_2, dont la compatibilité est assurée par un nombre suffisant d'identités, ce qui signifie que tout champ qui satisfait aux équations pour une valeur définie du temps a une extension continue qui représente une solution dans un espace à quatre dimensions. Le système E_3, cependant, n'est pas extensible de la même manière. En employant le langage de la mécanique classique nous pouvons dire : Dans le cas du système E_3 la « condition initiale » ne peut pas être librement choisie. Ce qui importe réellement est la réponse à cette question : La multiplicité des solutions pour le système E_3 est-elle aussi extensive qu'on doit l'exiger pour une théorie physique ? Ce problème purement mathématique n'est pas encore résolu.

Le sceptique dira : « Il pourrait bien être vrai que ce système d'équations fût raisonnable du point de vue logique, mais cela ne prouve pas qu'il soit conforme à la nature. » Vous avez raison, cher sceptique. L'expérience seule peut décider de la vérité. Mais nous avons réalisé quelque chose, si nous avons réussi à formuler une question significative et précise. La confirmation ou la réfutation ne sera pas facile, malgré l'abondance des faits empiriques connus. La déduction, à partir des équations, de conclusions qui peuvent être confrontées avec l'expérience demandera des efforts soutenus et, probablement, de nouvelles méthodes mathématiques.

1950

PORTRAITS

ET

SOUVENIRS

ISAAC NEWTON

La raison, certes, est faible quand on la compare à sa tâche qui ne finit jamais ; faible, en effet, quand on la compare aux folies et aux passions de l'humanité, qui, nous devons le reconnaître, contrôlent presque entièrement nos destinées humaines, dans les grandes comme dans les petites choses. Mais les œuvres de l'intelligence survivent à l'affairement bruyant des générations et répandent de la lumière et de la chaleur à travers les siècles. Consolés par cette pensée, retournons dans ces jours inquiets à la mémoire de Newton qui, il y a trois siècles, a été donné à l'humanité.

Penser à lui, c'est penser à son œuvre. Car un tel homme peut être compris seulement si on pense à lui comme à une scène sur laquelle s'est déroulée la lutte pour la vérité éternelle. Longtemps avant Newton, il y avait des esprits vigoureux qui pensaient qu'il devait être possible de donner, par des déductions purement logiques à partir d'hypothèses physiques simples, des explications concluantes de phénomènes perceptibles par nos sens. Mais Newton fut le premier à réussir à trouver une base clairement formulée, d'où il pouvait déduire un vaste champ de phénomènes, au moyen de la pensée mathématique, d'une manière logique, quantitative et en harmonie avec l'expérience. En effet, il aurait bien pu penser que la base fondamentale de sa mécanique pourrait, avec le temps, fournir la clé pour comprendre tous les phénomènes. Ainsi pensèrent ses élèves — avec plus d'assurance que lui-même — et ainsi ses successeurs, jusqu'à la fin du XVIIIe siècle. Comment ce miracle a-t-il pris naissance dans son cerveau ? Le lecteur me pardonnera cette question illogique. Car si, par la raison, nous pouvions traiter le problème du « comment », il ne serait plus alors question de miracle au sens propre du terme. C'est le but de toute activité de l'intelligence de transformer un « miracle » en quelque chose qu'elle a saisi. Si, dans ce cas, le miracle se prête à être transformé, notre admiration pour l'esprit de Newton devient par là seulement plus grande.

Galilée, par une interprétation ingénieuse des faits les plus simples de l'expérience, avait établi la proposition : un corps sur lequel n'agit aucune force extérieure conserve d'une façon permanente sa vitesse originelle (et sa direction) ; s'il modifie sa vitesse (ou la direction de son mouvement), le changement doit être rapporté à une cause extérieure.

Pour utiliser cette connaissance quantitativement, les conceptions de vitesse et de taux de variation de vitesse — c'est-à-dire l'accélération dans le cas du mouvement donné d'un corps conçu comme étant sans dimension (point matériel) — doivent être d'abord interprétées avec une exactitude mathématique. Cette tâche conduisit Newton à inventer la base du calcul différentiel et intégral.

Ceci était en soi une réalisation créatrice de premier ordre. Mais pour Newton, comme physicien, c'était simplement l'invention d'un nouveau genre de langage conceptuel, dont il avait besoin pour formuler les lois générales du mouvement. Pour un corps donné, il pouvait maintenant avancer l'hypothèse que son accélération, formulée avec précision, en grandeur aussi bien qu'en direction, était proportionnelle à la force exercée sur lui. Le coefficient de proportionnalité qui caractérise le corps relativement à son pouvoir d'accélération, décrit complètement le corps (sans dimension) en ce qui concerne sa qualité mécanique ; ainsi fut découverte la conception fondamentale de masse.

Tout ce qui précède pourrait être décrit — bien que de la façon la plus modeste — comme une formulation exacte de quelque chose dont l'essence avait déjà été reconnue par Galilée. Mais on n'avait nullement réussi à résoudre le problème principal. En d'autres termes, la loi du mouvement fournit le mouvement d'un corps seulement quand la direction et la grandeur de la force qui s'exercent sur lui sont connues à tout instant. Ainsi, le problème se ramenait à un autre problème : Comment trouver les forces agissantes ? A un esprit moins audacieux que celui de Newton, il aurait paru sans issue, quand on considère l'immense variété d'effets que les corps de l'Univers semblent produire les uns sur les autres. De plus, les corps dont nous percevons les mouvements ne sont nullement des points sans dimension — c'est-à-dire perceptibles comme points matériels. Comment Newton devait-il traiter un chaos pareil ?

Quand nous poussons une voiture se déplaçant sur un plan horizontal sans friction, la force que nous exerçons sur elle est donnée directement. C'est là le cas idéal d'où la loi du mouvement est déduite. Que nous n'ayons pas ici affaire à un point sans dimension paraît peu important.

Comment en est-il alors d'un corps qui tombe dans l'espace ? Un corps en chute libre se comporte d'une manière presque aussi simple qu'un point sans dimension, si l'on regarde son mouvement comme un tout. Il est accéléré vers le bas. L'accélération, conformément à Galilée, est indépendante de sa nature et de sa vitesse. La Terre, bien entendu, doit être décisive pour l'existence de cette accélération. Il paraissait alors que la Terre, par sa seule présence, exerçait une force sur le corps. La Terre est composée de beaucoup de parties. L'idée paraissait inévitable que chacune de ces parties affecte le corps qui tombe et que tous ces effets sont combinés. Il semble alors exister une force que les corps, par leur seule présence, exercent les uns sur les autres à travers l'espace. Ces forces paraissent être indépendantes des vitesses, elles dépendent seulement de la position relative et d'une propriété quantitative des corps variés qui les exercent. Cette propriété quantitative pourrait être conditionnée par la masse, car la masse paraît caractériser le corps du point de vue mécanique. Cet étrange effet des choses à distance pourrait être appelé gravitation.

Maintenant, pour obtenir une connaissance précise de cet effet, on n'a qu'à trouver l'intensité de la force que deux corps d'une masse donnée exercent l'un sur l'autre à une distance donnée. En ce qui concerne leur direction, elle n'est probablement pas autre chose que la ligne qui les relie. Finalement, ce qui reste inconnu est seulement la manière dont cette force dépend de la distance entre les deux corps. Mais cela, on ne peut pas le savoir *a priori*. Ici, l'expérience seule pourrait être utile.

Une telle expérience, cependant, était à la disposition de Newton. L'accélération de la lune était connue à partir de son orbite et pouvait être comparée avec l'accélération d'un corps en chute libre à la surface de la terre. En outre, les mouvements des planètes autour du soleil avaient été déterminés par Kepler avec grande exactitude et traduits en lois empiriques simples. Il fut ainsi possible d'affirmer comment les effets de la gravitation venant de la terre et ceux qui viennent du soleil dépendaient de la distance. Newton trouva que tout pouvait s'expliquer par une force qui est inversement proportionnelle au carré de la distance. Et avec cela le but était atteint, la science de la mécanique céleste était née, confirmée des milliers de fois par Newton lui-même et ceux qui sont venus après lui. Mais qu'en est-il du reste de la physique ? La gravitation et la loi du mouvement ne pouvaient pas tout expliquer. Qu'est-ce qui déterminait l'équilibre des parties d'un corps solide ? Comment fallait-il expliquer la lumière, les phénomènes électriques ? En introduisant des points matériels et des forces d'espèces différentes qui agissent à distance, tout paraissait pouvoir être déductible d'une manière satisfaisante de la loi du mouvement.

Cet espoir n'a pas été réalisé, et personne ne croit plus à la solution de tous nos problèmes sur cette base. Néanmoins, la pensée des physiciens d'aujourd'hui est à un haut degré conditionnée par les conceptions fondamentales de Newton. Jusqu'à maintenant, il n'a pas été possible de substituer à la conception unifiée de l'univers de Newton une conception similaire, unifiée et globale. Mais ce que nous avons obtenu jusqu'à présent aurait été impossible sans le clair système de Newton.

De l'observation des étoiles sont principalement venus les instruments intellectuels indispensables au développement de la technique moderne. De l'abus de cette dernière à notre époque, des intelligences créatrices comme celle de Newton sont aussi peu responsables que les étoiles mêmes, dont la contemplation donna des ailes à leurs pensées. Il est nécessaire de le dire, parce qu'à présent l'estime portée aux valeurs intellectuelles pour elles-mêmes n'est plus aussi vive qu'elle l'était dans les siècles de la renaissance intellectuelle.

JEAN KEPLER

Dans les lettres de Kepler, nous nous trouvons en présence d'une personnalité sensible et passionnément dévouée à la recherche d'une connaissance plus profonde du caractère des processus naturels — un homme qui a atteint le but élevé qu'il s'est lui-même fixé, malgré toutes les difficultés intérieures et extérieures. La vie de Kepler était consacrée à la solution d'un problème double. Le soleil et les planètes changent leur position apparente, relativement à leur arrière-plan d'étoiles fixes, d'une façon complexe accessible à l'observation immédiate. En d'autres termes, toutes les observations et tous les documents compilés avec tant de soins ne traitaient pas réellement du mouvement des planètes dans l'espace, mais des changements temporels subis par la direction terre-planète au cours du temps.

Une fois que Copernic avait convaincu le petit groupe capable de le comprendre que dans ce processus le soleil doit être regardé comme étant au repos et les planètes, y compris la Terre, comme tournant autour du soleil, le premier grand problème fut alors celui-ci : déterminer les véritables mouvements des planètes, y compris celui de la Terre, tels que pourrait les voir un observateur placé sur l'étoile fixe la plus proche et équipé d'un parfait double télescope stéréoscopique. C'était là le premier grand problème de Kepler. Le second problème était exprimé dans cette question : Quelles sont les lois mathématiques auxquelles ces mouvements obéissent ? Il est évident que la solution de ce second problème, à supposer que l'esprit humain soit capable de la trouver, était basée sur la solution du premier. Avant qu'une théorie qui explique un certain processus puisse être mise à l'épreuve, ce processus doit d'abord être connu.

La solution du premier problème par Kepler est basée sur une notion véritablement inspirée, qui rendit possible la détermination de la véritable orbite de la Terre. Pour construire cette orbite un second point fixe dans l'espace planétaire, en sus du soleil, est exigé. Quand on peut se servir d'un tel second point, celui-ci et le soleil peuvent être utilisés comme points de référence pour les mesures angulaires, et la véritable orbite de la Terre peut être déterminée par les mêmes méthodes de triangulation qui servent ordinairement pour l'arpentage et la cartographie.

Mais où pouvait-on trouver un tel second point fixe, puisque tous les objets visibles, à l'exception du soleil, exécutent eux-mêmes des mouvements qui ne sont pas connus dans le détail ? La réponse de Kepler était celle-ci : Les mouvements apparents de la planète Mars sont connus avec une grande précision, y compris la période de sa révolution autour du soleil (« l'année Martienne »). Il est probable qu'à la fin de chaque année Martienne Mars soit au même point dans l'espace (planétaire). Si nous nous limitons pour le moment à ces points dans le temps, alors la planète Mars représente pour eux un point fixe dans l'espace planétaire, un point dont on pourrait se servir dans la triangulation.

En employant ce principe Kepler détermina avant tout le vrai mouvement de la Terre dans l'espace planétaire. Puisqu'on peut se servir de la Terre elle-même comme point de triangulation à n'importe quel instant, il était aussi capable de déterminer, en s'appuyant sur ses observations, les vrais mouvements des autres planètes.

C'est de cette façon que Kepler obtint la base pour formuler les trois lois fondamentales auxquelles son nom sera associé pour tous les temps à venir. Aujourd'hui, après l'acte accompli, personne ne peut apprécier pleinement combien d'ingéniosité, combien de dur et patient labeur était nécessaire pour découvrir ces lois et les établir avec une telle précision.

Le lecteur devrait le savoir en apprenant de ses lettres les difficultés au prix desquelles il a réalisé cette œuvre gigantesque. Il refusa de se laisser paralyser ou décourager soit par la pauvreté, soit par le manque de compréhension de ceux de ses contemporains qui avaient le pouvoir de façonner sa vie et son œuvre. Il traitait cependant un sujet qui présentait un danger immédiat pour celui qui professait la vérité. Mais Kepler était un de ces hommes rares qui sont simplement incapables de faire autrement que de défendre ouvertement leurs convictions dans chaque domaine. En même temps ce n'était pas un homme qui éprouvait un vif plaisir à la controverse personnelle, comme c'était manifestement le cas de Galilée, dont les pointes inspirées réjouissent le lecteur instruit, même de nos jours. Kepler était un protestant pieux, mais il ne faisait pas un secret du fait qu'il n'approuvait pas toutes les décisions de l'Eglise. Il était, par conséquent, regardé comme une espèce d'hérétique modéré et traité comme tel.

Ceci m'amène à parler des difficultés internes qu'il avait à surmonter — difficultés auxquelles j'ai déjà fait allusion. Elles ne sont pas aussi facilement perceptibles que les difficultés extérieures. L'œuvre de Kepler ne fut possible qu'après avoir réussi à se libérer, à un haut degré, des traditions intellectuelles dans lesquelles il était né. Cela ne signifiait pas seulement la tradition religieuse, basée sur l'autorité de l'Eglise, mais les concepts généraux sur la nature et les limitations d'action dans l'univers et dans la sphère humaine, ainsi que les notions de l'importance relative de la pensée et de l'expérience dans la science.

Il devait s'affranchir de l'abord animiste de la

recherche, un mode de pensée orienté vers les fins de l'au-delà. Il devait d'abord reconnaître que la théorie mathématique la plus lumineusement logique n'offrait en elle-même aucune garantie de vérité et peut n'avoir aucun sens, si elle n'est pas vérifiée par les observations les plus exigeantes dans la science de la nature. Sans cette orientation philosophique l'œuvre de Kepler n'aurait pas été possible. Il n'en parle pas, mais la lutte intérieure se reflète dans ses lettres. Que le lecteur fasse attention aux remarques concernant l'astrologie. Elles montrent que l'ennemi intérieur vaincu a été rendu inoffensif, bien qu'il n'ait pas été tout à fait mort.

A LA MÉMOIRE DE MARIE CURIE

Au moment où une très haute personnalité comme Madame Curie est arrivée à la fin de sa vie, il ne faut pas nous contenter seulement de rappeler ce qu'elle a donné à l'humanité par les fruits de son œuvre. Les qualités morales de ses personnalités marquantes sont peut-être d'une plus grande signification pour une génération et pour le cours de l'histoire que les accomplissements purement intellectuels. Même ces derniers dépendent à un plus haut degré qu'on ne croit communément de la grandeur du caractère.

J'ai eu le bonheur d'être lié à Madame Curie pendant vingt ans d'une amitié élevée et sans nuages. Je suis arrivé à admirer sa grandeur humaine à un degré toujours croissant. Sa force, la pureté de sa volonté, son austérité envers elle-même, son objectivité, son jugement incorruptible — tout cela était d'un genre qu'on trouve rarement réuni dans une seule personne. Elle sentait à chaque moment qu'elle était au service de la société, et sa profonde modestie ne laissa pas de place pour la complaisance. Elle était oppressée par un sentiment constant des rigueurs et les injustices de la société. C'est cela qui lui donna cet aspect extérieur sévère, si facilement mal interprété par ceux qui n'étaient pas de ses intimes — une curieuse sévérité non adoucie par quelque effort artistique. Une fois qu'elle avait reconnu une certaine voie comme bonne, elle la suivait sans compromis et avec une ténacité extrême.

La plus grande action scientifique de sa vie — la démonstration de l'existence d'éléments radioactifs et leur isolement — doit sa réalisation non pas seulement à une intuition hardie, mais aussi à un dévouement et à une ténacité dans l'exécution dans les plus grandes difficultés imaginables, dont l'histoire de la science n'a pas souvent été témoin.

Si seulement une petite part de la force de caractère et du dévouement de Madame Curie existait chez les intellectuels de l'Europe, celle-ci aurait devant elle un avenir plus brillant.

A LA MÉMOIRE DE MAX PLANCK

Un homme à qui il a été donné de doter le monde d'une grande idée créatrice n'a pas besoin des louanges de la postérité. Son œuvre lui a déjà conféré une plus grande faveur.

Il est cependant bon — oui, il est indispensable — que les représentants de tous ceux qui cherchent la vérité et la connaissance soient aujourd'hui ici réunis des quatre coins du globe. Ils sont ici pour rendre témoignage que même dans les temps comme les nôtres, où la passion politique et la force brutale sont suspendues comme autant d'épées de Damoclès au-dessus des têtes des hommes angoissés et peureux, la bannière de notre recherche idéale de la vérité est brandie haute et pure. Cet idéal, un lien qui unit pour toujours les hommes de science de tous les temps et de tous les lieux, était réalisé dans Max Planck avec une rare perfection.

Déjà les Grecs avaient conçu la nature atomique de la matière, et ce concept fut élevé à un haut degré de probabilité par les hommes de science du

XIXe siècle. Mais ce fut la loi du rayonnement de Planck qui fournit la première détermination exacte — indépendamment d'autres hypothèses — des grandeurs absolues des atomes. Plus que cela, il a montré d'une manière convaincante qu'outre la structure atomique de la matière il y a une espèce de structure atomique de l'énergie, gouvernée par la constante universelle *h*, que Planck avait introduite.

Cette découverte devint la base de toute la recherche en physique au XXe siècle et a dès lors presque entièrement conditionné son développement. Sans cette découverte il n'aurait pas été possible d'établir une théorie exploitable des molécules et des atomes et des processus énergétiques qui gouvernent leurs transformations. De plus, il a brisé toute la charpente de la mécanique classique et de l'électrodynamique et assigné à la science une nouvelle tâche : celle de trouver une base conceptuelle nouvelle pour toute la physique. Malgré des gains partiels remarquables, le problème est encore loin d'une solution satisfaisante.

En rendant hommage à cet homme, l'Académie nationale des sciences américaines exprime l'espoir que la libre recherche pour l'amour de la connaissance pure ne sera pas entravée et gardera toute sa vigueur.

A LA MÉMOIRE DE PAUL LANGEVIN

La nouvelle de la mort de Paul Langevin m'a plus douloureusement frappé que la plupart des événements de ces années funestes, si fertiles en déceptions. Pourquoi en est-il ainsi ? N'a-t-il pas joui d'une longue vie, remplie d'une œuvre créatrice féconde — la vie d'un homme en harmonie avec lui-même ? N'était-il pas largement vénéré pour sa pénétrante connaissance des problèmes intellectuels, universellement aimé pour son dévouement à toute bonne cause, pour sa bienveillance intelligente envers tous les êtres ? N'y a-t-il pas une certaine satisfaction dans le fait que les limites naturelles soient posées à la vie de l'individu, de sorte qu'à sa fin elle apparaisse comme une œuvre d'art ?

Le chagrin que m'a causé la mort de Paul Langevin a été particulièrement poignant parce qu'il m'a donné le sentiment de rester tout à fait seul et désolé. Il y a si peu d'hommes dans une génération qui réunissent une claire intelligence de la nature des choses, un sentiment intense des exigences véritablement humanitaires et la capacité d'action militante ! Quand un tel homme s'en va il laisse un vide qui paraît insupportable à ceux qui lui survivent.

Dans sa pensée scientifique Langevin était doué d'une clarté et d'une agilité peu communes, jointes à une vision intuitive sûre pour les points essentiels. C'est en raison de ces qualités que ses leçons exercèrent une influence décisive sur plus d'une génération de physiciens théoriques français. Mais il connaissait aussi une bonne part de la technique expérimentale, et ses critiques et ses suggestions constructives ont toujours produit un effet fécond. Ses propres recherches, en outre, ont influencé d'une façon décisive le développement de la science, principalement dans les domaines du magnétisme et de la théorie des ions. Cependant, le fardeau des responsabilités qu'il était toujours prêt à assumer limitèrent ses propres recherches, de sorte que les fruits de ses travaux apparaissent dans les publications d'autres hommes de science beaucoup plus que dans les siennes.

Il me paraît certain qu'il aurait développé la Théorie de la relativité restreinte, si cela n'avait pas été fait ailleurs ; car il en a clairement aperçu les traits essentiels. Une autre chose admirable est qu'il a pleinement apprécié la signification des idées de de Broglie — d'où Schrödinger a ensuite développé les méthodes de la mécanique ondulatoire — même avant que ses idées aient été consolidées en une théorie cohérente. Je me rappelle vivement le plaisir et la chaleur avec lesquels il m'en parlait et je me souviens aussi que je n'ai suivi ses remarques qu'avec hésitation et doute.

Pendant toute sa vie Langevin souffrait de voir les déficiences et les iniquités de nos institutions sociales et économiques. Il croyait cependant fermement au pouvoir de la raison et de la connaissance. Son cœur était si pur qu'il était convaincu que tous les hommes devraient être prêts à un renoncement personnel complet, une fois qu'ils ont connu la lumière de la raison et de la justice. La Raison était sa croyance — une croyance qui devait apporter non seulement la lumière, mais aussi le salut. Son désir d'aider tous les hommes à jouir d'une vie plus heureuse était peut-être encore plus fort que celui de la pure connaissance intellectuelle. Il arriva ainsi qu'il sacrifiait beaucoup de son temps et de son énergie pour éclaircir les questions politiques. Personne qui fit appel à sa conscience sociale ne le quitta les mains vides. C'était aussi la véritable grandeur morale de sa personnalité qui lui attira la haine acharnée de beaucoup d'intellectuels plus bornés. Mais lui, en retour, les comprenait tous et, dans sa bonté, ne nourrissait jamais de ressentiment contre qui que ce soit.

Je ne peux qu'exprimer ma gratitude d'avoir personnellement connu cet homme pur et éclairé.

A LA MÉMOIRE DE WALTHER NERNST

Walther Nernst, qui est mort récemment, était un des savants les plus caractéristiques et les plus intéressants à qui j'aie été étroitement lié pendant ma vie. Il n'a jamais manqué d'assister aux conférences sur la physique à Berlin et ses brèves remarques montraient qu'il avait un instinct scientifique vraiment étonnant, combiné avec une connaissance souveraine d'une masse énorme de faits réels, qui étaient toujours à sa disposition, et avec une rare maîtrise des méthodes et des tours de main expérimentaux où il excellait. Bien que nous ayons parfois souri avec bonhomie de sa vanité enfantine et de sa suffisance, nous avions tous pour lui une sincère admiration, mais aussi une affection personnelle. Tant que son égocentrisme n'entrait pas en jeu, il montrait une objectivité qu'on trouve rarement, un sens infaillible pour l'essentiel et une véritable passion pour les profondes interrelations présentes dans la nature. Sans une telle passion, sa production singulièrement créatrice et son influence importante sur la vie scientifique du premier tiers de ce siècle n'auraient pas été possibles.

Il descendait d'Arrhenius, d'Ostwald et de Van't Hoff comme dernier d'une dynastie qui basait ses recherches sur la thermodynamique, sur la pression osmotique et sur la théorie des ions. Jusqu'à 1905 son œuvre était essentiellement limitée à cet ordre d'idées. Son bagage théorique était quelque peu élémentaire, mais il le maîtrisait avec une rare ingéniosité. Je fais allusion, par exemple, à la théorie des forces électromotrices dans des solutions de concentration localement variable, à la théorie de la diminution de la solubilité en ajoutant une substance dissoute. Pendant cette période il inventa l'ingénieuse méthode de zéro pour déterminer la constante diélectrique de corps conducteurs au moyen du Pont de Wheatstone (courant alternatif, téléphone comme indicateur, capacité compensatrice dans les branches du pont de comparaison).

Cette première période de production est largement consacrée à l'amélioration de la méthodologie et à compléter les recherches dans un domaine dont les principes étaient déjà connus avant Nernst. Ce travail le conduisit graduellement à un problème général qui est caractérisé par cette question : Est-il possible de calculer, en partant de l'énergie connue des états d'un système, le travail utile qui peut être gagné par son passage d'un état à un autre ? Nernst se rendit compte qu'une détermination théorique du travail de passage A à partir de la différence d'énergie U au moyen des seules équations de la thermodynamique n'est pas possible. On pouvait inférer de la thermodynamique que, au zéro absolu de température les quantités A et U doivent être égales. Mais on ne pouvait pas déduire A de U pour des températures arbitraires quelconques, même si les valeurs de l'énergie ou les différences de U étaient connues pour tous les états. Ce calcul n'était pas possible tant qu'on n'avait pas introduit, en ce qui concerne les relations de ces quantités aux basses températures, une hypothèse qui paraissait évidente à cause de sa simplicité. Cette hypothèse est tout simplement que A devient, aux basses températures, indépendant de la température. L'introduction de cette hypothèse comme postulat (troisième principe fondamental de la théorie de la chaleur) est la contribution la plus grande de Nernst à la science théorique. Planck trouva plus tard une solution qui est théoriquement plus satisfaisante, c'est-à-dire que l'entropie disparaît à la température du zéro absolu.

Du point de vue des idées plus anciennes sur la chaleur, ce troisième principe fondamental exigeait des réactions bien étranges des corps sous de basses températures. A cause de l'exactitude de ce principe, les méthodes de calorimétrie sous les basses températures durent être grandement améliorées. La calorimétrie de températures élevées doit aussi à Nernst des progrès considérables. Par toutes ces investigations, ainsi que par beaucoup de suggestions stimulantes, que son infatigable génie inventif fournissait aux expérimentateurs dans son domaine, il fit avancer de la manière la plus efficace le travail de recherche de sa génération. Les débuts de la théorie des quanta étaient aidés par les résultats importants de ces études sur la chaleur, et cela spécialement avant que la théorie de l'atome de Bohr ait fait de la spectroscopie le domaine d'expérience le plus important. L'ouvrage classique de Nernst, intitulé *Chimie théorique,* offre non seulement à l'étudiant mais aussi au savant une abondance d'idées stimulantes ; il est théoriquement élémentaire, mais intelligent, vivant et plein d'allusions à de multiples interrelations. Il reflète véritablement ses caractéristiques intellectuelles.

Nernst n'était pas un savant exclusif. Son solide bon sens l'amena à s'engager avec succès dans tous les domaines de la vie pratique, et toute conversation avec lui mettait au jour quelque chose d'intéressant. Ce qui le distinguait de presque tous ses compatriotes c'était sa remarquable absence de préjugés. Il n'était ni un nationaliste ni un militariste. Il jugeait les choses et les gens presque exclusivement d'après leur réussite directe et non pas d'après un idéal social ou moral. C'était là une conséquence de son absence de préjugés. En même temps il s'intéressait à la littérature et avait le sens de l'humour à un degré qui est très rare chez des hommes qui portent un fardeau de travail aussi lourd. C'était une personnalité originale ; je n'ai jamais rencontré quelqu'un qui lui ait ressemblé dans ses traits essentiels.

A LA MÉMOIRE DE PAUL EHRENFEST

Il arrive si souvent de nos jours que des hommes de haute qualité quittent la vie de leur propre gré que nous ne trouvons plus qu'une telle fin soit insolite. Mais la décision de dire adieu à la vie vient généralement d'une incapacité, ou du moins d'une répugnance, à se résigner à de nouvelles et plus difficiles conditions de vie *extérieures*. Refuser de vivre sa vie naturelle jusqu'au bout à cause de conflits intérieurs qu'on trouve intolérables — ceci est aujourd'hui chez des personnes qui ont l'esprit sain un événement rare, et possible seulement chez des personnalités d'une grande noblesse et d'une grande exaltation morale. C'est à un conflit tragique intérieur de ce genre que notre ami Paul Ehrenfest a succombé. Ceux qui l'ont bien connu, comme il me l'a été accordé, savent que cette personnalité sans tache est tombée principalement victime d'un conflit de conscience qui, sous une forme ou une autre, n'est épargné à aucun professeur d'université qui a dépassé la cinquantaine.

J'ai fait sa connaissance il y a vingt-cinq ans. Il est venu me rendre visite à Prague en venant directement de la Russie où, comme juif, il lui était interdit de professer dans l'enseignement supérieur. Il cherchait une sphère d'action en Europe centrale ou occidentale. Mais nous avons peu parlé de cela, car c'était l'état de la science en ce temps qui absorba presque tout notre intérêt. Tous les deux nous nous rendions compte que la mécanique classique et la théorie du champ électrique s'étaient montrées insuffisantes en face des phénomènes du rayonnement thermique et des processus moléculaires (la théorie statistique de la chaleur), mais il ne paraissait pas y avoir de chemin possible pour sortir de ce dilemme. La brèche logique dans la Théorie du rayonnement de Planck — que, néanmoins, nous admirions beaucoup — était manifeste pour nous. Nous discutions aussi sur la Théorie de la relativité, qu'il accueillit avec un certain scepticisme, mais avec le jugement critique qui lui était particulier. Dans l'espace de quelques heures nous devînmes de vrais amis — comme si nos rêves et nos aspirations s'étaient accordés à l'avance. Nous sommes restés unis par une étroite amitié jusqu'au moment où il quitta la vie.

Sa grandeur résidait dans sa faculté extraordinairement bien développée de saisir l'essence d'une notion théorique, de dépouiller une théorie de son accoutrement mathématique jusqu'à ce que l'idée simple qui est à sa base apparaisse avec clarté. Cette capacité lui permettait d'être un maître incomparable. C'est pour cette raison qu'il était invité aux congrès scientifiques, car il apportait toujours dans les discussions clarté et finesse. Il lutta contre le vague et la circonlocution, si nécessaire en usant de son esprit pénétrant, et même d'une franche discourtoisie. Certaines de ses expressions auraient pu être interprétées comme presque arrogantes, mais sa tragédie résidait précisément dans un manque presque morbide de confiance en soi-même. Il souffrait continuellement du fait que ses facultés critiques dépassaient ses capacités constructives. Son sens critique le privait, pour ainsi dire, de son amour pour la progéniture de son esprit avant même qu'elle ne fût née.

Peu après notre première rencontre un tournant décisif se produisit dans la carrière extérieure d'Ehrenfest. Notre vénéré maître Lorentz, désireux de se retirer de l'enseignement universitaire régulier, reconnut en Ehrenfest le maître inspiré qu'il était et le recommanda comme son successeur. Une merveilleuse sphère d'action s'ouvrit devant lui, qui était encore jeune. Il n'était pas seulement le meilleur professeur dans notre profession que j'aie jamais connu, mais aussi passionnément préoccupé du développement et de la destinée des hommes, spécialement de ses étudiants. Comprendre les autres, gagner leur amitié et leur confiance, aider quelqu'un qui était empêtré dans des luttes extérieures ou intérieures, encourager les jeunes talents — tout cela était son véritable élément, presque plus que l'approfondissement de problèmes scientifiques. Ses étudiants et ses collègues à Leyde l'aimaient et l'estimaient. Ils connaissaient son dévouement absolu, sa nature foncièrement serviable et secourable. Ne devait-il pas être un homme heureux ?

Il se sentait, en vérité, plus malheureux qu'aucune des personnes qui m'étaient intimes. La raison en était qu'il ne se sentait pas à la hauteur de la tâche élevée à laquelle il devait faire face. A quoi lui servait-il que chacun le tînt en estime ? Son sentiment d'imperfection, objectivement non justifié, le tourmentait continuellement et le privait souvent de la paix de l'esprit nécessaire à une recherche tranquille. Il souffrait tellement qu'il était forcé de chercher un soulagement dans la distraction. Ses fréquents voyages sans but, son intérêt pour la radio, et beaucoup d'autres traits de sa vie inquiète ne venaient pas d'un besoin de calme et de marottes inoffensives, mais plutôt d'un curieux besoin d'évasion causé par le conflit psychique dont je viens de parler.

Dans ces dernières années cette situation s'aggrava à cause du développement étrangement tumultueux que la physique théorique a subi. Apprendre et enseigner des choses qu'on ne peut pas pleinement accepter dans son cœur est toujours une affaire difficile, doublement difficile pour un esprit fanatiquement honnête, un esprit pour qui la clarté était tout. A cela s'ajoutait la difficulté croissante d'adaptation à de nouvelles pensées, qui affronte toujours l'homme qui a dépassé la cinquantaine. Je ne sais combien de lecteurs de ces lignes seront capables de pleinement saisir cette tragédie. C'était pourtant cela qui a principalement causé son évasion de la vie.

Il me semble que la tendance exagérée à se critiquer soi-même est liée à des expériences dans l'enfance. L'humiliation et l'oppression mentale par des maîtres ignorants et égoïstes causent des ravages dans le jeune esprit qui ne peuvent jamais être effacés et exercent souvent une influence funeste plus tard dans la vie. La force de telles expériences dans le cas d'Ehrenfest peut être jugée par le fait qu'il refusa de confier à une école quelconque ses enfants tendrement aimés.

Ses relations avec ses amis jouaient dans la vie d'Ehrenfest un rôle beaucoup plus grand que ce n'est le cas chez la plupart des hommes. Il était dans le fait dominé par ses sympathies et aussi par ses antipathies basées sur des jugements moraux. L'alliance la plus forte dans sa vie était sa femme et collaboratrice, une personnalité extraordinairement forte et intrépide et son égale par l'intelligence. Peut-être son esprit n'était-il pas si agile, versatile et sensible que le sien propre, mais son équilibre, son indépendance des autres, sa fermeté en face de toutes les peines, son intégrité de pensée, de sentiment et d'action — tout cela était un bienfait pour lui et il la paya de retour d'une vénération et d'un amour comme je n'en ai pas vus souvent dans ma vie. Un fatal éloignement partiel d'elle, était une expérience affreuse pour lui, contre laquelle son âme déjà blessée était incapable de lutter.

Nous, dont la vie a été enrichie par la puissance et l'intégrité de son intelligence, par la bienveillance et la chaleur de son âme et non moins par son humour irrépressible et son esprit mordant — nous savons combien son départ nous a appauvris. Il vivra dans ses étudiants et dans tous ceux dont les aspirations étaient guidées par sa personnalité.

SOURCES

Science

Qu'est-ce que la théorie de la relativité ? Times, Londres, 28 novembre 1919, p. 13. Repris en version originale allemande in *Mein Weltbild*, Querido Verlag, Amsterdam, 1934.

La Physique et la Réalité. « Physik und Realität », *Franklin Institute Journal*, vol. 221, n° 3, mars 1936 (avec traduction anglaise).

Les Fondements de la physique théorique. « Considerations concerning the Fundamentals of Theoretical Physics », *Science* n° 91, 24 mai 1940. Abrégé dans *Nature* n° 145, p. 920-923.

Le Langage commun de la science. Conférence radiodiffusée, publiée dans *Advancement of Science*, vol. 2, n° 5, Londres, 1941.

$E = Mc^2$: The Most Urgent Problem of our Time. Publié in *Science Illustrated* 1, n° 1, avril 1946, New York.

Une démonstration élémentaire de l'équivalence de la masse et de l'énergie. « Elementary Derivation of the Equivalence of Mass and Energy », *Technion Journal*, n° 5, p. 16, New York, 1946.

La Théorie de la relativité. Publié in *The American People's Encyclopedia*, Chicago, 1949.

Sur la théorie de la gravitation généralisée. Scientific American 182, n° 4, avril 1950.

Portraits et souvenirs

Isaac Newton. Publié in *The Manchester Guardian*, Manchester, G.B., Noël 1942.
Jean Kepler. Préface aux *Johannes Kepler's Letters*, ed. Mrs David Baumgardt.
A la mémoire de Marie Curie. Discours à l'occasion du *Curie Memorial Celebration* au Roerich Museum, New York, 23 novembre 1935.
A la mémoire de Max Planck. Discours lu aux funérailles de Max Planck, avril 1948.
A la mémoire de Paul Langevin. *La Pensée* n° 12, mai-juin 1947, Paris.
A la mémoire de Walther Nernst. Publié in *The Scientific Monthly*, Washington D.C., vol. LIV, février 1942.
A la mémoire de Paul Ehrenfest. Publié in *Almanak van het Leidsche Studentencorps*, S.C. Doesburg Verlag, Leiden, Hollande, 1934.

TABLE DES MATIÈRES

Note de l'éditeur 7

SCIENCE 9

Qu'est-ce que la théorie de la Relativité ? (1919) 11
La Physique et la Réalité (1936) 20

1. Considérations générales concernant la méthode scientifique 20
2. La mécanique et les tentatives de fonder toute la physique sur elle . . . 29
3. Le concept de Champ 43
4. La théorie de la Relativité 48
5. La théorie des quanta et les fondements de la physique 58
6. La théorie de la relativité et les corpuscules 70

Résumé 74

Les fondements de la physique théorique (1940) 77

Le langage commun de la science (1941) 97
$E = Mc^2$ (1946) 102
Une démonstration élémentaire de l'équivalence de la masse et de l'énergie (1946) 109
La théorie de la Relativité (1949) 114
Sur la théorie de la gravitation généralisée (1950) 126

PORTRAITS ET SOUVENIRS 153

Isaac Newton (1942). 155
Jean Kepler (1949). 162
A la mémoire de Marie Curie (1935) 167
A la mémoire de Max Planck (1948) 169
A la mémoire de Paul Langevin (1947). . . 171
A la mémoire de Walther Nernst (1942) . . 174
A la mémoire de Paul Ehrenfest (1934) . . 179
Sources. 185

Achevé d'imprimer en janvier 1990
sur les presses de l'Imprimerie Bussière
à Saint-Amand (Cher)

N° d'Édition : 12451. — N° d'Impression : 10068.
Dépôt légal : février 1990.

Imprimé en France